AI智能时代：未来已来

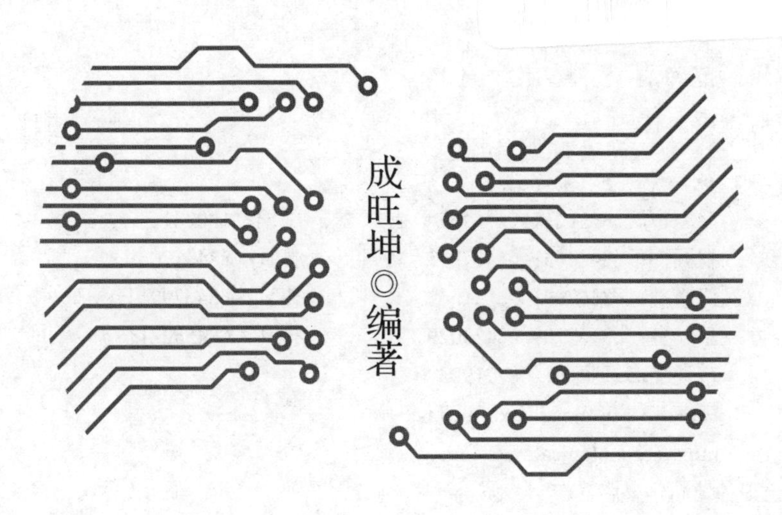

成旺坤◎编著

地震出版社

图书在版编目（CIP）数据
AI智能时代：未来已来 / 成旺坤编著．— 北京：
地震出版社，2019.9
ISBN 978-7-5028-5071-5
Ⅰ．①A…　Ⅱ．①成…　Ⅲ．①人工智能－普及读物
Ⅳ．① TP18-49
中国版本图书馆 CIP 数据核字 (2019) 第 092868 号

地震版　XM4204

AI智能时代：未来已来

成旺坤　编著
责任编辑：范静泊
责任校对：凌　樱

出版发行：地　震　出　版　社
北京市海淀区民族大学南路 9 号　　邮编：100081
发行部：68423031 68467993　　传真：88421706
门市部：68467991　　传真：68467991
总编室：68462709 68423029　　传真：68455221
市场图书事业部：68721982
E-mail：seis@mailbox.rol.cn.net
http://seismologicalpress.com
经销：全国各地新华书店
印刷：三河市九洲财鑫印刷有限公司

版（印）次：2019 年 9 月第一版　　2019 年 9 月第一次印刷
开本：700×1000　1/16
字数：172 千字
印张：14
书号：ISBN 978-7-5028-5071-5/TP(5789)
定价：42. 00 元

PREFACE 前言

科技的发展是永无止境的，科技给人类带来的影响也是无法比拟的。

当前，全球刮起了一场人工智能应用的飓风，其中蕴藏着巨大的市场机遇，是各路资本关注的焦点领域。

人工智能本质上是基于人脸识别、计算机视觉、语音识别等技术，在新一轮产业变革中所诞生的产物，因此，为了能够抓住这个科技风口的巨大红利，各行业正如火如荼地在人工智能领域加大布局力度。在这场群雄逐鹿的人工智能技术血拼中，全球各路科技互联网巨头纷纷跻身前列，也给其他行业的众多企业在人工智能领域的布局树立了良好的标杆。

人工智能给人类带来前所未有的美好。随着人工智能技术的不断发展和不断成熟，以往科学家本着以“人工智能发展给人类生活带来更多便利性”的初衷也在如今发生了改变，并在不经意间改变着社会规则以及全球经济生态体系。因为，人工智能在各领域的不断渗透，使得人类社会的生产率有了极大的提升，物质也因此变得越来越丰富，人类社会和生活方式因此而变得越加美好。

人工智能给人类就业造成了威胁。任何事情，都具有两面性。在我们享受人工智能给我们带来优越的生活条件时，我们也不得不面临失业给我们带来的恐慌。因为人工智能能够像人一样思考、像人一样运动，甚至能像人一样具备情感，人工智能能够协助我们工作的同时，也在一定程度上取代人类从事的简单的、低技能、具有重复性、具有危险性的工作，这些对于人类的“饭碗”而言无异于是一个巨大的威胁。届时，人工智能将使得收银员、导购员、服务员、保安员、司机、翻译员、快递员等诸多传统行业岗位的就业通道越来越窄，甚至这些岗位会被人工智能所消灭。

人工智能给我们带来了全新的挑战。无论任何时代，不思变就会被社会所淘汰。人工智能技术在促进各产业进步的同时，也带来了全新的、与人工智能技术相关的岗位。此时，对于传统行业劳动者以及传统企业而言，在人工智能大环境的裹挟中艰难前行，如果一味墨守成规、不思变转型，则迎接他们的最终是遍体鳞伤，甚至被人工智能时代所抛弃。

对于初创企业来讲，要想更好地拥抱人工智能、抓住人工智能这个全新的机遇，确定市场定位是关键，寻找更加适合自身发展的垂直细分领域才更有取胜的把握。

总之，如果说2017年是人工智能爆发“元年”，那么2018年可以说是人工智能爆发的“奔跑年”。我们作为第一代同人工智能共同生存的人类，应当充分认识到人工智能技术也是人类文明的一部分，与人类组成了命运共同体，带动人类文明向更高的台阶迈进。虽然当前很多关于人工智能是否会取代人类的声音还在继续，但人工智能的脚步并不会因此而停歇。未来，人工智能技术会给我们的生活带来更多的“火花”。

本书分别从人工智能探索解密、资本盛宴、产业爆发、社会变革、意识觉醒、大浪淘沙、热潮下的冷思考、预见未来八个方面，向读者介绍人工智能的发展历史、探究过程以及在各个领域的应用、传统企业的转型之道、初创企业的取胜之道以及人工智能的未来。此外，本书既有科学的严谨性，又不乏趣味性，以通俗的语言和生动的示例将人工智能技术之美展现得淋漓尽致，有助于读者开阔视野，激发进一步探索科学的兴趣。

阅读本书，读者将会更加真切地体会到人工智能技术应用的巨大优势，以及其能够疯狂改变世界的巨大潜能。

CONTENTS 目 录

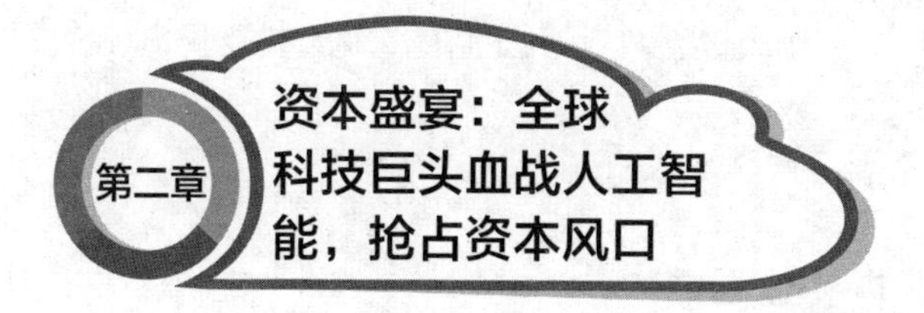

第三章
产业爆发：
传统行业搭上
人工智能的春风

第四章
社会变革：
人工智能重塑
人类社会生活

第五章
意识觉醒：
人机共生是
大势所趋

第六章
大浪淘沙：
人工智能时代，
谁主沉浮

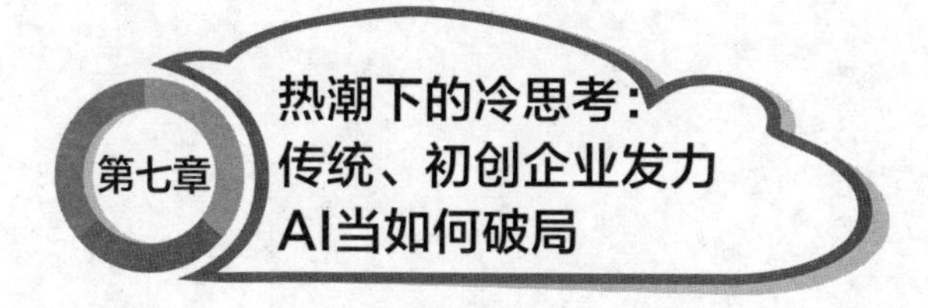
第七章
热潮下的冷思考：
传统、初创企业发力
AI当如何破局

第八章
预见未来：
关于人工智能的
未来设想

第一章

探索解密：

认识让人爱恨交加的人工智能

如今，科技发展速度飞快，人工智能时代已经成为当下最为火爆的话题。国家对人工智能的发展给予了极大的关注和重视，未来一个理想的智能社会已经不再是科幻，必将离我们不再遥远。然而，一步人工智能的沉浮史，将为你揭开人工智能的面纱。

从零开始认识人工智能

在人类发展史上，科技总是在不断发展和更迭，并且在推动人类进步的过程中起到了非常重要的作用。人工智能的出现，也是科技发展的产物，给人们的生产、生活带来了诸多便利，引发了越来越多人的关注。

那么什么是人工智能呢？从广义上来讲，人工智能可以说是研究、开发用于模拟、延伸和扩展人智能的理论、方法、技术以及应用系统的一门新兴技术学科。从科技角度来讲，人工智能就是集深度学习、计算机视觉、智能机器人、自然语言处理、实时语音翻译、情景感知等于一体的一种前沿科技。

从围棋界的“终极人机大战”，到金融机器人的应用；从腾讯的Dreamwriter解放新闻编辑的双手，到亚马逊无人收货点……人工智能让我们的工作速度、效率、质量指数级提升。同时，人工智能也对其他行业的发展起到了极大的推动作用。

2018年3月，“两会”期间，“人工智能”作为一个重要词汇被多次提出。自此，人工智能产业已经引起了全民的兴趣。一时间，人们茶余饭后的谈资都是围绕人工智能这一领域展开的。另外，大咖们也纷纷预测未来若干年后人类的大部分工作将被机器取代，很多工作都能由人工智能取代，同时也意味着届时越来越多的人因为人工智能的出现而失业。

当我们都在谈论这让人又爱又恨的人工智能，并憧憬着未来人工智能给我们的生活带来什么美好前景时，我们不禁要问：究竟什么是人工智能呢?

人工智能（Artificial Intellegence，简称AI）用通俗的说法来解释就是：让机器通过学习能力完成人类心智能做的事情。

从社会学角度来解释，人工智能就是要通过智能的机器，模拟、延伸、扩展和增强人类在改造自然、治理社会各项任务中的能力和效率，最终实现一个人与机器和谐共存的社会。这里的智能机器，可以是一个虚拟或者物理的机器人（如下图）。

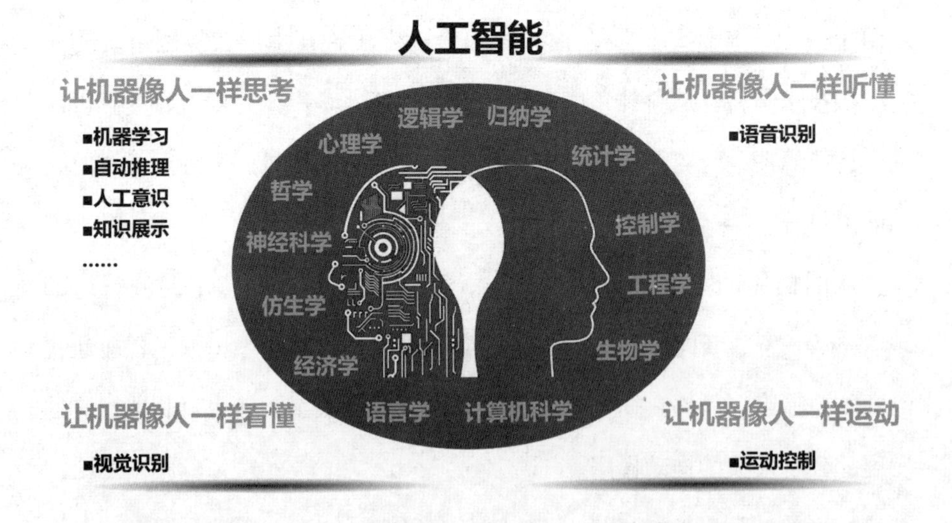

从科学范畴来看，人工智能属于计算机科学的一个分支。与人类几千

年创造出来的各种工具和机械不同的是，人工智能机器有自主感知、认知、决策、学习、执行、联想、推理、规划、运动控制、社会协作能力，是可以像人那样思考和运动，像人一样看得懂、听得懂并做出反应的智能机器，同时符合人类情感、伦理与道德观念。

此外，人工智能也是一门极富挑战的科学，涉及该领域的包括逻辑学、归纳学、统计学、控制学、工程学、计算机科学，同时还包括心理学、哲学、生物学、神经科学、仿生学、经济学、语言学等其他学科的研究。所以说，人工智能不是某个单纯的技术，而是包括十分广泛的综合科学，是集数门学科进化的尖端学科中的尖端学科。

总的来讲，人工智能就是借助各种学科知识，使机器具备自我学习的能力，只有这样，人工智能才能够胜任一些通常需要人类智能才可以完成的复杂工作。

让机器具备学习能力

人工智能目前的发展已经对整个人类社会产生了极大的影响。但如果人工智能的发展想要在现有的基础上有更大突破，仅仅凭借这些精通计算机的专家学者和技术人员是远远不够的。幸运的是，强攻不果，迂回之战却有了突破性进展。事实上人工智能能够不断突破自我并有向前不断发展的动力，概括起来就是“机器学习”四个字。

众所周知，对于计算机而言，其最强大的之处就是其超强的计算能力，能够在瞬间给出答案，这一点是人类所无法企及的。但如果问要对上跑的是狗还是猫做出判断，三岁小孩都能快速给出答案，但计算机在这方面却是弱项。

人工智能是对人脑智能的一种模仿。对于这一点，一组边缘人工智能研究者发现，人工智能拥有计算机的超强算力是永远无法实现人脑智能的，因为这与人类的大脑相比，欠缺了很多灵活性。人类大脑本身包含了很多以复杂方式连接的细胞，这些细胞被称为神经元，它们之间彼此交换着化学信号和电信号，从而能够对各种物体进行识别。人工智能的研究者将这种程序命名为“神经网络”。为了区别于人的神经网络，我们将这种算法程序称为“人工神经网络”。人工神经网络的诞生，并不能使机器像大脑一样工作，它仅仅是一种编程方法。人工神经网络使得计算机在分类识别领域有了更好的突破，也使得“机器具备了学习能力”。

机器学习的任务就是帮助人工智能通过一定的算法来解决一些复杂的问题。人工智能的先驱Arthur Samuel在1959年创造了“机器学习”这个术语，并给出了“机器学习”的定义：“机器学习使计算机拥有在没有被明确编程的情况下学习的能力。”

机器学习在数据处理的过程中扮演了十分重要的角色。机器学习能够为特定场景开发预测引擎。当一个算法将接收到一个域的信息时，权衡输入就会根据这个域的信息做出一个有用的预测。简言之，机器学习就是根据特定特征的实例A预测B。

举个简单的例子，即如果一个人出现过什么症状，可以判断和推测这个人未来可能患有某种疾病的概率。

那么人的学习和机器学习之间有什么区别呢？人往往是通过在各种千

奇百怪的日常异构活动中、情景中生成和演化而来的历史、经验等学习，人类会定期对这些经验进行“归纳”，以获得生活“规律”。当未来遇到各种问题时，人类就会根据自己之前归纳所得的生活“规律”指导自己的行为，使得各种问题得到有效解决，这也就是古人所说的“以史为诫”。而机器学习其实与人的这种“学习”和“预测”过程是相似的。不同的是，机器能够实现这种预测，是通过训练学习实现的。

这样看来，机器学习的构思其实并不复杂，它模拟人类生活中学习、训练的过程，从现有的数据中自动分析获得规律，并利用规律对未来会产生什么样的结果做出精准的预测。

换句话说，机器学习的本质就是将人的操作或思维过程的输入与输出记录下来，然后统计出一个模型对数据进行预测，使得这个模型对输入输出数据达到和同人类相似的表现结果，这种方式也慢慢地成为了现代人工智能最基本的核心理念。

机器学习分为浅层学习和深度学习两个阶段：

1.浅层学习——机器学习的第一次浪潮

在20世纪八十年代末期，用于人工神经网络的反向传播算法的发明给机器学习带来了希望，掀起了机器学习的第一次浪潮。这个热潮一直持续到今天。利用反向传播算法需要程序员预先定义符号和逻辑规则，这样可以让一个人工神经网络模型从大量符号和逻辑规则的训练样本中学习统计规律，从而对位置时间做出预测。与传统的计算机相比，这种基于统计的机器学习方法具有更多的优越性，有效提升了识别能力。

因此这个时候的人工神经网络其实是一种只含有一层隐层节点的浅层模型，而这个时候的机器学习被称为浅层学习阶段。

2.深层学习——机器学习的第二次浪潮

2006年，加拿大多伦多大学教授、机器学习领域的泰斗Geoffrey Hinton和他的学生Ruslan Salakhutdinov在《科学》杂志上发表了一篇文章，这篇文章中有两个十分重要的观点：

■多隐层的人工神经网络具有优异的特征学习能力，学习得到的特征对数据有更本质的刻画，从而有利于对物体的可视化或分类。

■深度神经网络在训练上的难度，可以通过“逐层初始化”[①]来有效克服。

自此开启了深度机器学习在学术界和工业界的浪潮，而这也被认为是机器学习的第二次浪潮。

深度学习的本质是通过具有很多层的机器学习模型和海量训练数据来学习更有用的特征，从而最终提升分类或预测的准确性。换句话说，深度学习就是模拟人脑进行分析学习的人工神经网络，它模仿人脑的机制来训练和预测数据，如图像、声音、文本等。基于人工神经网络可以将海量数据拿过来之后投放在算法当中，系统会自动从数据中进行自我学习。

早期的“谷歌大脑计划”实际上就是对借助神经网络模仿人脑的一种深度学习的应用。该“计划”用16000个CPU Core的并行计算平台，训练一种称为“深度神经网络（DNN）”的机器学习模型，在语音识别和图像识别领域获得了巨大的成功。

---

① 逐层初始化：这里的逐层初始化是通过无监督学习实现的。

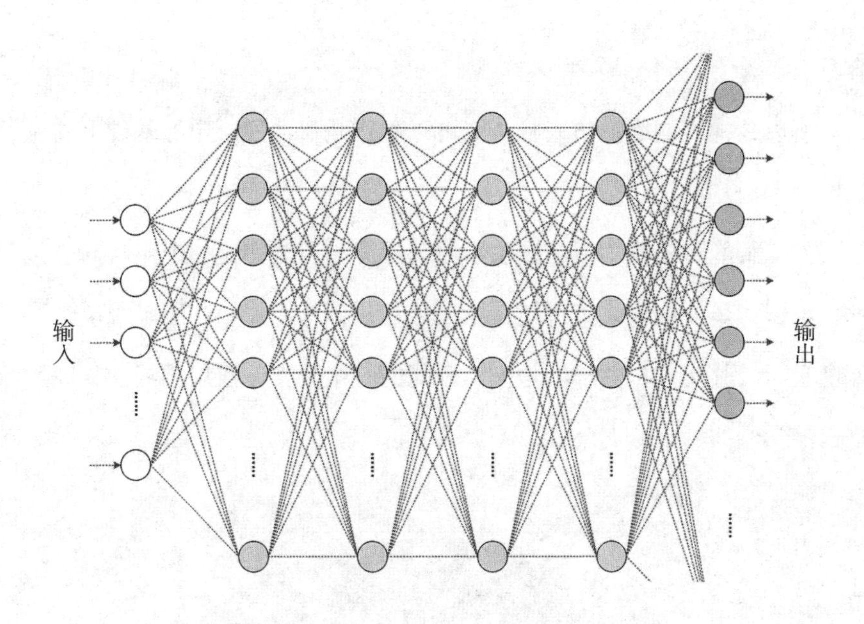

在具体的运行过程中，“谷歌大脑”专门对一只猫进行识别，在训练数据的时候并不需要告诉“谷歌大脑”“这是一只猫”，而借助深度学习系统就可以自己找到了“什么是猫”这个分类。

与浅层学习相比，这种深层学习的优势在于：

1）浅层学习需要程序员预先定义符号和逻辑规则，系统根据这些符号和逻辑规则对物体进行识别；深层学习则只需要程序员提供足够的示例即可。换句话说，就是前者是告诉计算机如何解决问题，后者是给计算机展示示例，告诉它你想让它做什么。

2）强调了模型结构的深度，通常有五六层，甚至多达十几层的隐层节点。

3）明确突出了特征学习的重要性。通过逐层特征变换，将样本在原空间的特征表示转换到一个新特征空间，从而使分类或预测变得更加容易。

所以，神经网络模仿人脑智能可以看作是机器浅层学习基础上的一种深度学习。

人工智能、机器学习、浅层学习和深度学习之间是一个包含与被包含的关系，即最外层是人工智能，第二层是机器学习，第三层是浅层学习和深度学习。其实，机器学习是人工智能的一个分支，浅层学习和深度学习是机器学习的一个分支。

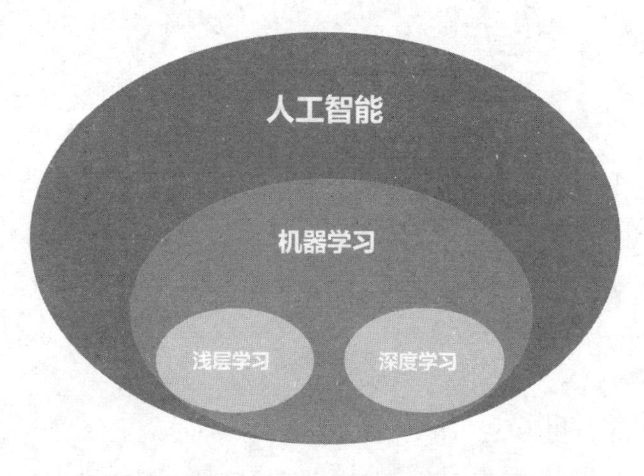

人工智能、机器学习、浅层学习、深度学习之间的关系

但是，如果把人工智能比作是一个孩子的大脑，机器学习就是让孩子掌握认知能力的过程，而浅层学习和深度学习就是这个过程中十分有效率的一种教学体系。换句话说，人工智能是目的，是结果，而机器学习（包括浅层学习和深度学习）就是方法，是工具。机器学习的发展推动了人工智能的发展，提升了人工智能机器的学习能力。

可见，人工智能的一步步成长和壮大是与机器学习分不开的。人工智能在机器学习技术的基础上已经逐渐从低级走向高级。

自然语言处理智能化

“机器能跟我们人类交流吗，能像我们人类一样理解文本吗？”这是人们对人工智能最初的幻想。语言是认知的基础，是智能的源泉。语言的沟通与交流推动了人类智能的产生与发展，同时也让人工智能“听懂人话”，将人工智能带到了一个新的高度。

人工智能的奇妙之处就在于，它能让机器像人一样拥有理解能力，完成智能任务。而它的难题在于如何让人工智能拥有理解能力，甚至让机器可以向人一样思考。

我们知道，计算机使用的是一种机器语言，其核心是结构化数据；人类讲的是自然语言，其核心是非结构化的数据。如果想让计算机能够模仿人类的智能，那么就需要设计一种机器的内部数据结构来表示自然语言，同时还需要两者之间有一个良好的转换机制。自然语言和机器语言之间的转换就是彼此理解与生成的关系，自然语言处理的任务就是实现这种理解和生成。

早期的人工智能实际上被卡在了自然语言处理上。如果语言智能实现突破，与其同属认知智能的认知和推理就会得到长足的发展，进而推动整个人工智能体系的进步。

人工智能技术可以实现用机器翻译不同的语言，最初只能翻译单词，后来发展到可以逐渐翻译整句或通篇翻译，近几年用语音就可以直接进行翻译。有了这种机器翻译技术，在世界上任何一个国家，都能够借助机器翻译与他人进行交流和沟通，不必再为语言障碍而烦忧。

机器翻译的核心，就是自然语言处理原理（Natural Language Processing），简称NLP。

那么什么是自然语言处理呢？

自然语言处理原理是计算机拥有的人类般的文本处理的能力。简单来讲，就是用人工智能来处理、理解和运用人类语言，解决的是“让机器可以理解自然语言”。然而这一点目前来说还只是人类独有的特权，因此自然语言处理技术被誉为“人工智能皇冠上的明珠”。

自然语言处理技术的应用，体现了真正意义上的“人工智能”。百度机器学习专家余凯认为，听与看说白了就连动物都会，而只有语言才是人类独有的。

自然语言技术有很多广泛的应用，除了机器翻译之外，还能实现手写体和印刷体字符识别、语音识别后实现文字的转换、信息检索、文本分类与聚类、舆情分析和观点挖掘等。这些应用涵盖了自然语言处理系统当中的语法分析、语义分析、篇章理解等技术，可以说是人工智能领域最具前沿性的技术。

当前，人工智能在自然语言处理技术上的发展与应用，已经把有效识别的准确率从最初的70%提升到了97%，但即便如此，只有准确率达到99%以上时，才能被认定为自然语言处理技术在人工智能中的应用达到了人类级别的水平。

目前，自然语言处理技术在人工智能上的应用，典型的代表就是微软小冰。微软小冰是微博上的一款具有对话功能的聊天机器人。无论是用户与恋人分手、工作不顺，还是内心感觉沮丧时，都可以和他聊天倾诉。到目前为止，小冰已经积累了上亿用户，平均每天聊天的回数为23轮，一般聊天时长约25分钟左右。

所以，不管是语法分析还是语义分析、篇章理解，这些自然语言的特性都让人工智能，尤其是对话式人工智能系统有了很大突破。

提升计算机视觉识别能力

想象一下，当有人向我们投来一个球时，我们会怎么办？可能会躲开或者马上把它接住。这种技术就是计算机视觉技术。当有人向投过球来时，这个球首先进入我们的视网膜，在经过一番元素分析之后，送达大脑，视觉皮层会对这个视网膜传回来的图像进行更加彻底的分析，然后把它发送到剩余的皮质，与已知的任何物体相比较，进行物体和维度的归类，最终决定我们接下来要采取什么样的行动：是躲开？还是用双手把球接住？

上述过程仅仅需要几秒钟的时间就能完成，对于我们人类而言几乎完全是下意识的行为，也很少会出差错。这个问题看似与人工智能无关痛痒，却能够从一个人的一系列反应折射出人工智能领域某种技术的应用。

早在1996年，人工智能领域的先锋人士Marivin Minsky就给自己的学生出过这样一道题：把摄像机连接到一台电脑上，让电脑描述自己所看到的内容。如今，这个课题已经有了进一步的研究，并很好地应用于人工智能领域。

那么究竟计算机视觉技术是什么呢？在人工智能的运用中的原理是什么呢？

计算机视觉是指计算机从图像中识别出物体、场景和活动的能力。简单来讲，就是用摄影机和电脑代替人眼对目标进行识别、跟踪和测量等机器视觉，并进一步做图形处理，使得电脑处理成为更适合人眼观察或传送给仪器检测的图像。用一句话概括，即计算机视觉是一门研究如何使机器“看”的科学。

其实，我们可以将计算机视觉看作是一个研究如何使人工系统从图像或多维数据中“感知”的科学，其最终的目标就是使得计算机能够像人一样具备视觉能力，可以观察和理解世界，并具备自主适应环境的能力。

而这里的机器视觉就是用机器替代人对物体进行测量和判断。机器视觉系统是机器视觉产品将被摄取目标转换成图像信号，传送给专用图像处理系统，得到被拍摄的信息，再根据像素分布和亮度、颜色等信息转化为数字化信息；图像系统对这些信号进行各种运算对图像抽取特征，进而根据判别的结果来控制人工智能设备的动作。

其实，从学科分类上来讲，计算机视觉和机器视觉都属于人工智能的一个下属科目、一个子分支。两者的区别在于，计算机视觉重在软件，通过算法对图像进行识别分析，而机器视觉则包含软硬件在内，如采集设备、光源、控制、算法等，更加偏向于实际应用。简言之，计算机视觉主要是研究“让机器怎么看”，而机器视觉则是研究“看了之后怎么用”。

随着硬件、算法、大数据技术的不断发展，整个人工智能领域面临着前所未有的规模增长，也促使了计算机视觉在人工智能领域的大肆发展。同时，计算机视觉的图像识别能力越来越强，错误率越来越低，使得其应用也变得更加广泛。如医疗成像分析被用来提高疾病预测、诊断和治疗；人脸识别安防和监控领域被用来识别人物。

云从科技是国内的一家人脸识别技术初创公司，是一家专注于计算机视觉与人工智能的高科技企业。该企业凭借核心算法、大数据等资源，已经在人脸识别领域实现了多项应用。目前，云从科技已经居国内人工智能行业的领军地位，当前有50多家银行、80%以上的民航枢纽机场在使用云从科技的远程身份认证、人脸与证件照对比识别等产品，有22个省/直辖市采用云从科技的安防技术。未来云从科技还希望借助计算机视觉技术进军教育、医疗、智慧社区等领域，让人工智能真正为大众服务。

★人工智能问题思考★

如果是两个双胞胎的话，如何实现人脸识别?

其实，这个问题很好回答：

一方面，虽然双胞胎在我们人眼观察和识别的时候，认为两人长相极为相像，但对于计算机视觉识别来讲是不一样的。计算机视觉通过精密计算，即便两个瞳孔之间的距离相差一毫米都可以被判断出来，而人却无法做到。

另一方面，计算机视觉的识别率没有达到百分之百，这也是我们目前还需要输入密码的原因。但我们不可否认的是，识别精准度已经可以在人工智能中落地使用了。

总之，人工智能本身作为对各种资源、技术、学科进行大整合的综合学科，扮演的是一个“桥梁”的角色，赋能各行各业，服务于各行各业的发展和壮大。而人工智能最重要的信息获取中，有70%—80%来自于视觉，因此使得计算机视觉技术成为人工智能不断向更高层次发展的下一个入口，这将极大地带动其他方面的人工智能的发展。

人工智能PK自动化

自工业时代开始，机器的不断演进，计算机和计算机网络的出现，推动了工业发展先后经历了四个阶段。

■工业1.0——机械制造时代

以蒸汽机取代人力的机械化制造生产，取代了最原始的手工劳动。

■工业2.0——电气化自动化时代

电力广泛应用于工业中，电器、电气自动化控制机械设备的出现，实现了生产过程中的流水线作业。

■工业3.0——电子信息化时代

电子计算机技术推动了信息技术自动化控制的机械设备出现，使得人类作业被机械自动化生产制造方式逐渐取代。

■工业4.0——智能化时代

一种高度灵活、个性化、数字化的产品与服务的全新生产模式也即将形成，是一场从自动化生产到智能化生产的巨大革命。

用图示表示概括如下：

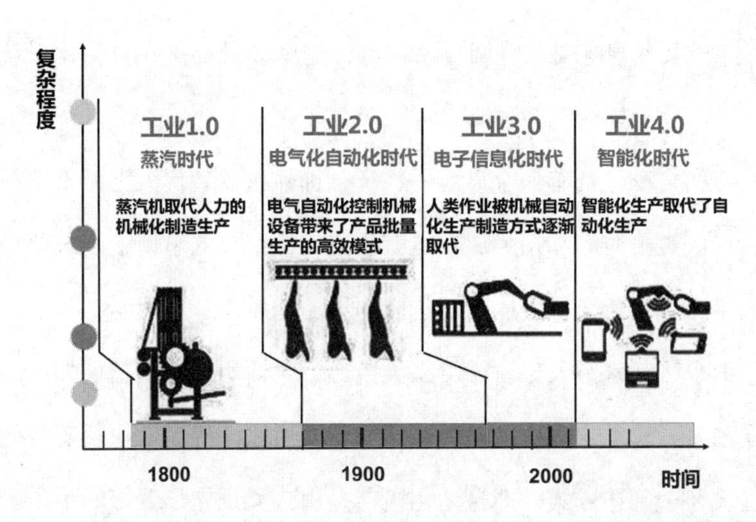

工业革命的发展，使得生产从原始的手工劳动逐渐转变为机械化生产，再到自动化生产，最终迎来的是智能化生产。前有机械化取代手工劳动，中期有自动化取代机械化，后有智能化取代自动化，这使得人工智能技术新浪潮重新为工业的发展点燃了燎原之火。虽然当前没有真正进入工业4.0的真正智能化时代，但不可否认的是：人工智能的出现成为工业2.0—工业3.0两个阶段中长期与自动化生产PK的“搅局者”。

人类社会的发展总是在不断变革中前进，也总是向着更加美好的方向前行，所以，人工智能的出现和应用，不仅对工业领域，对其他领域来讲，都使得智能化成为可能。

在现实生活中，就像DVD和录像机、电影《2001》中的HAL和《星球大战》中主人公用的电脑一样，“自动化”和“人工智能”也是经常被人们所混淆，但实际上两者之间还是有很大的区别的。

1.自动化与人工智能工作原理的区别

■自动化

在当前的社会中，自动化系统无处不在。电子邮件的收发、通过手机

App来打开家中的电视、空调、窗帘等，这些场景都是在自动化系统下实现的。

所有的自动化都有一个显著的特征，即让机器替代人类做重复简单的劳动，让人类将时间和精力放在更有意义、更重要的事情上。这使得整个社会的生产、生活变得更加高效、成本更加低廉。

这似乎听起来与人工智能给人类生产、生活所带来的结果如出一辙。但不同的是，自动化本质上是一些足够聪明可以准确高效执行命令的机器和系统。换个阐述方式，即自动化机器是由人类预先设置好的手工配置来驱动和行动，自动地重复地完成同一个动作或流程，以提高生产、流通、交换、分配等关键环节的。实现自动化，就等于减少了人力资本的投入，提高了运作效率。

■人工智能

正像前文中所讲，人工智能是一种可以模仿人类思考、语言、行为的技术。所以，如果只把人工智能看作是会执行任务的程序，未免过于狭隘，这并不是真正的人工智能。人工智能真正要做的是通过像人类一样去探寻事物背后的模式，向人类一样从经验中学习，并像人类一样根据眼前的情况选择更加合适的响应来做出反应。

人工智能并不是一个能做简单、重复工作的系统，而是要创造出一个强大的超乎人想象的智能系统。实现智能化，完全由智能机器来完成所有工作，就等于完全省去人力资本的投入，让运作效率更高。

总之，自动化是遵循着预先设置好的编程规则运行的软件系统；而人工智能则是设计用来模拟人类思考和行为的智能系统。

2.自动化和人工智能本质的区别

■自动化

其实，驱动自动化得以实现，本质上是数据起着推动作用。

这里还以工业自动化生产场景为例，其实现生产过程自动化的原理是通过收集传感器反馈的数据，分析处理数据来达到调节各种设备的目的，以提高生产的效率。

■人工智能

人工智能本质上同样是基于数据才得以实现。

人工智能较自动化而言，本身具有“学习”的能力，因此它不但能够收集数据，还能够更好地理解数据，并做出反应，这体现的正是人工智能具备与人类智能相似的特点。显然，人工智能并不是简单自动化的叠加，而是具有人类一般的分析数据、理解数据的能力。

社会的发展和进步，要求生产力更加发达，要求人类的经济生活更加智能化。自动化控制领域的革新需要人工智能的大力支持，而人工智能在控制方面的优势已经远远大于自动化。

我们可以想象，在未来，无论作为个体、行业还是整个人类，都可以通过人工智能机器来收集海量数据，并通过人工智能感知信息和理解数据。人工智能有取代自动化之势，为未来整个人类社会的发展带来超乎想象的可能。

从过去到未来，从沉浮到进击

有人说：人工智能如同高速疾驰的列车，当人们还在眺望它时，它却已经让人来不及感叹就以飞一般的速度呼啸而过。”

人工智能的发展史并不是一片坦途，而是一个从沉浮到进击的过程。

早在20世纪中叶，人工智能就已经诞生了。在人工智能的早期，有些科学家非常乐观地认为：随着计算机不断普及以及CPU计算能力的提高，人工智能的实现指日可待。不少早年的科幻电影中也有过这样的描述：到了2000年，机器人几乎无所不能。但事实上，人工智能的发展并没有预期的那么美好和顺利，与所有高科技一样，人工智能探索的过程也经历过反复挫折与失败、繁荣与低谷。

美好雏形初现

早在1950年，一位名叫马文・明斯基的大学生与他的同学邓恩・埃德蒙突发奇想，共同打造了世界上第一台神经网络计算机。这台计算机可以看作是后来人工智能诞生的起点。无独有偶，就在同年，被称为“计算机之父”的阿兰·图灵大胆地提出了一个让世界震惊的想法——图灵测试。根据他的设想，如果一台机器能够与人类开展对话，而人们却无法辨认出其机器的身份，那么这台机器就是智能的。之后，图灵还大胆预言了真正智能机器出现的可行性。

时隔六年之后，即1956年，计算机专家约翰·麦肯锡提出了“人工智能”一词。自此之后，计算机被广泛应用到数学和自然语言领域，用来解决代数、几何、英语等问题。科学家们还造出了“聪明的机器”：STUDENT（1964），这台机器能证明应用题；ELIZA（1966），该机器可以实现简单的人机对话。

这一切让科学家看到了机器向人工智能发展的信心和潜力，认为人工智能如果继续以这样的速度发展下去，真的可以替代人类。为此，也有不少科学家和学者预言：二十年内，机器将完成人能够做到的一切。

在研究初期，由于人工智能给人们带来了很多鼓舞人心的成果，所以很多政府和机构拿出大批研发资金用于人工智能方面的研究，如麻省理工大学、卡内基梅隆大学、斯坦福大学、爱丁堡大学等对于人工智能的热情异常高涨，分别建立了自己的人工智能项目和实验室。

首遇技术瓶颈

转眼间，已经到了20世纪70年代，此时的人工智能发展遭遇了首次技术瓶颈。这是由于科研人员在人工智能的研究过程中轻视了项目难度，从而致使与美国国防高级研究计划署的合作失败，更重要的是给人工智能的前景蒙上了一层阴影。再加上社会舆论一边倒，人工智能在长达6年的时间里在科研方面都处于最低谷。

在这个时期，人工智能主要面临三个技术瓶颈：

■计算机性能不足，使得早期很多程序没有办法在人工智能领域得到应用。

■问题的复杂性：早期人工智能程序主要是用来解决某些特定的问题，因为这些特定的问题对象少，复杂性低，当问题上升一个维度，程序就不堪重负，出现了“罢工”的情况。

■数据量严重不足：在当时，根本还没有大数据的概念，更难以找到足够大的数据库来支撑进行深度学习，这样机器就根本无法找到足够量的数据进行智能化。

这样，人工智能项目只能就此搁置。在1973年，詹姆斯·莱特希尔针对英国的人工智能发展状况做了一个报告，在报告中特别强调和批评了人工智能在真正为人类所用时所导致的失败。自此，人工智能的境遇十分不佳。

寒冬再次光临

1980年，卡耐基·梅隆大学帮助DEC公司（美国数字设备公司）制造出了一个专家系统，这个专家系统可以帮助DEC公司每年节约4000万美元左右的费用，尤其是在做决策方面为其提供了十分有价值的内容。这一成果给了很多人极大的鼓舞，很多国家，如日本、美国等都再次发起新一轮投资，他们纷纷投巨资研发所谓的第五代计算机，并把这种的计算机命名为人工智能计算机。

此后，很多人工智能数字模型的发明不断涌现，如多层神经网络、BP反向传播算法等，以及能与人类下棋的高智能机器人。它们的精准度可以达到99%以上，这样超乎想象的水平，使得更多的人又对人工智能重拾了信心。

1987—1993年，PC进入了人们的视野，这使得人工智能又一次进入了寒冬时代。PC疯狂地进入大众家庭，其费用也远低于专家系统所使用的Symbolics（世界上第一个.com域名）和Lisp（通用高级计算机程序语言）等机器。人们越来越喜欢PC，而开始冷落和抛弃人工智能。对于专门研究人工智能的学者们来讲，他们此时思考的是人工智能到底该走向何处，到底要成为什么样子。

曙光重现，渐入佳境

对于人工智能来讲，最大的挑战在于用有限的资源做更多有用的事情。一个比较贴切的例子就是，人类在造飞机的时候，最初就是从飞鸟获得的启发，通过工程化方式对功能进行简化，建立简单的数学模型加以论证，最终加以整合，形成了飞机的雏形。

现代人工智能的曙光初现，正值新的数学工具、新的理论和摩尔定律出现。此时的人工智能更加注重实用性、功能性，也使得人工智能从此走上了新的发展征程。新的工具和理论，使得人工智能在执行任务时变得更加明确化和简单，由此，人工智能又出现了繁荣的景象。

■新的数学工具：原来已经存在于数学或其他学科中的数学模型，如图模型、图优化、深度学习网络等，被重视并开始重新研究。

■新的理论：数学模型要有明确的逻辑梳理，才能使理论分析和证明成为可能，分析出需要的数据量和计算量，从而保证得到期望的结果，这对开发相应的计算系统大有裨益。

■摩尔定律：摩尔定律让计算能力越来越强。早期，强大的计算机很少被用来作为研究人工智能的工具，因为早期的人工智能专攻的是数学和算法的研究。这样，当将计算机的强大能力嫁接到人工智能的研究过程中时，就是的人工智能的研究成果显著提高。

以上三个方面使得人工智能又上升到了一个全新的繁荣时期。人工智能的繁荣，同时也促进了机器人研究的发展和进步，基于人工智能的Big Dog就是一个典型的例子。无论是Big Dog还是无人驾驶汽车，都是借助一套学习算法在模拟器中不断走路和开车，让机器自己进行判断，并对自己接下来的行为进行分析和支配。这样的人工智能产品，与之前的机械控制产品有着非常显著的区别。

2011年，只有500人的Facebook在斯坦福大学的仓库了搭建了自己的实验室，并希望完成两件任务：第一是希望这个社交平台能够连接上亿用户，然后把这种连接投射到社交空间中从而做社群检测，并把社群检测用来实现用户分组和特征化；第二是希望通过人工智能投放广告来增加公司的收入。

Facebook的第一个任务看似简单，只要通过人工智能的算法就能实现，但问题是使用这种算法时，用户数量每增加10倍，就需要100倍的CPU和存储，所以单机最多能处理的人数只有1万人。然而，Facebook当时的用户并不仅限于此，而是拥有1个亿的用户。基于当时Facebook的1000台主机，显然是难以实现的。

Facebook基于这样的难题，在进一步研究中发现，人工智能的运算和传统计算方式是大不相同的。传统计算由指令集构成，执行指令的目的就是执行程序，执行的过程中不允许出错。所以，传统计算方式的容错性和通信有效性等，都需要围绕这个执行程序进行优化。然而人工智能运算虽然同样由指令集构成，但执行指令集只是一个过程，而不是最终的目的，它的目的是优化算法。就好比人爬山一样，目的是爬到山顶。传统计算体系严格设定了爬山的路线，一步也不允许发生错误；而人工智能允许中间出错，只要能最终爬到山顶即可。

根据这样的原理，Facebook构建了一个参数服务器编程界面，使得运行速度和精准度都有了大幅提升。而且这个系统并不是针对某一个特定的人工智能计算而设计的，在设计时考虑了人工智能程序的普遍性。此外，这个系统也有非常好的容错以及通信管理机制，使得系统功效能够显著提升。这些是传统的完全同步运行程序所无法达到的结果。

首迎商业化浪潮

虽然人工智能在已经经历了60年的风雨，但其商业化浪潮却一直没有踪影；虽然微软、谷歌、Facebook等大公司对人工智能的研究提供了大量人力和资金，但大多数研究成果只用于为自身创造价值。可以说，真正意义上的人工智能的第一个商业化浪潮，是在2016年IBM在全球范围内推出“认知商业”之后才出现的。

IBM作为一家百年IT企业，在过去的60年里，注入了超过60亿美元的资金研究人工智能，尤其在IBM经历转型困境后，人工智能商业化无疑成为了IBM的最佳选择。

IBM推出的“认知商业”，其核心为新一代IBM Watson技术和Watson APls。在IBM Watson的商业化推广过程中，IBM提出“认知计算”，强调人与机器共存。在认知计算时代，机器并不能取代人类，而是人机协作共同创造更好的结果。

2014年1月12日，IBM宣布投资10亿美元，创建一个全新的IBM Watson业务集团，此时也拉开了IBM的转型序幕。随后还建立了IBM Watson生态圈。之后，IBM Watson扩展了可用数据源，这些数据和信息可以被IBM的客户、合作伙伴、开发者以及其他机构应用，为IBM创下不少收益。

2015年，IBM有了更大的举动。3月，IBM宣布将向物联网投资超过30亿美元，对The Weather Channel的B2B、移动和云业务进行收购，并在中国、印度、巴西、墨西哥、日本大肆扩展气象数据，并将这些数据用于业务运营、市场运营、风险管理等商业领域，有着广泛的价值。

2016年，IBM的“认知商业”开始进军中国，基于“认知计算”的IBM营销云落地中国，尤其是对中国微信的发展给予了支持。

目前全球已经有36个国家和17个行业的企业在使用IBM Watson技术，全球超过7.7万名开发者正在使用Watson Developer Cloud平台。然而，IBM推动人工智能的商业化并不限于此。

IBM在人工智能的推动下，真正地实现了自身的转型，同时也掀起了全球第一次人工智能的商业化浪潮。在这次浪潮下，受益者首先是商业智能软件公司，这类公司将迎来人工智能的黄金时代。

也正是在IBM的领头下，使得人工智能在2016年空前繁荣，引起了全球各界的关注。

狂欢大幕已经拉开

如今乃至未来，全球将进入人工智能的狂欢。

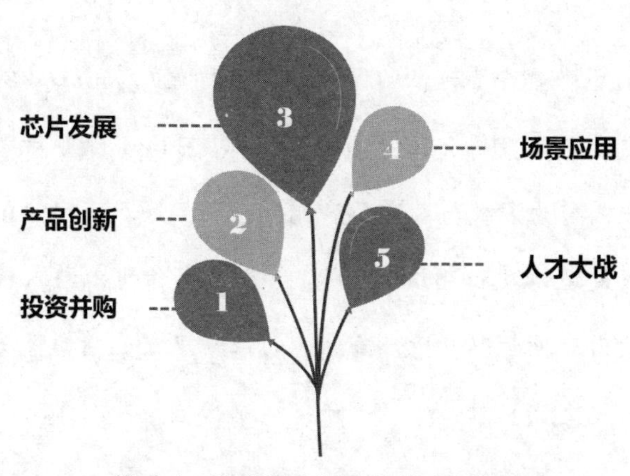

推动人工智能进入狂欢年的五个方面

1.投资并购

无论是国内还是国外市场，科技巨头在人工智能领域展开了积极的部署，不管是对人工智能的关注和研发，还是外延式直接投资、收购人工智能领域的创业团队等方式都有进展，投资并购浪潮一浪高过一浪。

2017年，我们可以发现各种人工智能公司的融资信息不断刷新，融资金额也是相当巨大，从2000万到1亿美元比比皆是。硅谷全球数据研究机构PitchBook所提供的数据显示：截至2017年12月，全球人工智能领域合并与收购额高达213亿美元。

2.产品创新

人工智能投资的场景也体现出越来越垂直化的特点，从而使得人工智能从最初的实验室阶段逐渐走上了真正的应用阶段，而各种相关人工智能产品的出现则是人工智能发展史中引人注目的亮点。

2017年10月，在沙特阿拉伯授予了类人机器人Sophia沙特公民身份，她成为了历史上首个获得公民身份的机器人。Sophia除了后脑勺是透明的之外，其外观、行为方式与人类高度相似，而且还具有十分强大的语音识别、视觉数据处理以及面部识别功能。Sophia不但可以与人轻松、自然地聊天，还能做出62种面部表情，虽然她的眼睛里镶嵌着摄像头，但是她可以与人进行眼神交流。

3.芯片发展

人工智能的发展相当迅速，其关键在于数据量成倍增长，在这个过程中芯片行业则呈现出蓬勃发展的势头。不论是智能设备厂商，还是云计算厂商，亦或是传统的芯片厂商，如苹果、微软、谷歌等都在全面开发自己的处理器，应用于人工智能和其他工作负载，其目的就是实现在没有云处理情况下的压缩算法。

诞生的新一代计算芯片较以往的计算力更加强大，同时在集群上实现的分布式计算更是对人工智能模型在更大的数据集上运行提供了极大的帮助。

2017年9月，华为在柏林公布了最新的麒麟970芯片，这是全球首款带了专用人工智能元素的手机芯片。麒麟970芯片在不到100平方毫米的狭小体积内集成了55亿个晶管体，集成度极高。另外麒麟970芯片还集成了12核心的GPU图形显示芯片，改善了去过麒麟芯片的图形性能较弱的问题。

4.场景应用

进入2018年，人工智能在全球范围内的发展异常火热，场景创新是人工智能发展实现商业化应用的基础。当人工智能技术发展到一定程度的时候，如何让人工智能技术走向前台为用户服务；如何激发商业化应用需求并通过需求创造供给这些问题都是人工智能发展的重点方向。

2018年4月19日—21日，在上海举办的第六届中国国际技术进出口交易会（简称“上交会”）上，有这样一个人工智能的应用场景。

“悟空你有女朋友吗？”“要女朋友干嘛？我最爱的是金箍棒。”这个众所周知的孙悟空形象被投影到了特殊的水幕屏上，通过水幕全息投影技术不仅还原了《西游记》中的经典人物孙悟空的形象，又应用了语音交互技术丰富了其个性，现场任何观众都可以和“智能孙悟空”畅聊。

实际上，在2018年4月13日中国信息通信研究院发布的“2018年全球人工智能产业地图”中，其图表数据显示：全球创新人工智能企业的快速涌现，使得人工智能企业数量快速增长，尤其是欧洲和亚洲的增长速度逐步提升；全球各国人工智能企业分布中，我国人工智能企业的数量接近1500家，在全球位居第二，是全球人工智能发展的高地之一。这些都表明当前全球正在全面加紧人工智能商业化应用的落地。目前人工智能已经在智能家电、智能物流、智能医疗、智能政府、智能教育等领域中有很好的应用，促进了各产业的发展，开启了智慧生活新时代。

以创维电视为例。创维打造了一款薄如壁纸的创新稚嫩电视。该电视在主机中内置了一套人工智能系统“萨曼莎”，可以自动识别用户语音指令，并完成所有指令。在为用户使用带来了更多便利的同时，更带动了整个智能家电产业的发展。

5.人才大战

相比于2016年，2017年在人工智能人才的需求量方面增长了将近3倍。我国人工智能人才目前的人才缺口超过了500万，而合格的人工智能人才培养却需要一定的时间，才能投放到各领域中进行人工智能产品应用的研发。可以预见，今后，随着人工智能企业数量的暴增，人工智能狂欢大幕拉开的同时，会使得人才短缺现状进一步加剧，顶级人才争夺战将继续上演。

狂欢后的思考：未来走向如何

人工智能作为2017年当之无愧的“头牌明星”，在之前经历了沉浮史之后，进入2018年更是迎来了新局面。未来人工智能将何去何从，走向如何？

可以预见，人工智能必将成为未来社会的战略制高点，甚至人工智能有可能成为未来社会的一部分。未来，人工智能发展依旧是以应用层面为重点，它将以无处不在的方式影响我们生活的许多方面，并可能在以下场景中得以更好地应用。

1.人人拥有智能助手

在未来，人工智能助手将会变得越来越聪明，我们可以不必为了准备什么晚餐而烦恼，因为人工智能助手知道我们喜欢什么食物、知道家里厨房和冰箱里有什么食材，知道什么食材搭配更加有营养，并能确保我们在下班前就能将晚餐准备好，在家中静候我们回家享用美味佳肴。

2.语音识别与各种设备融为一体

语音识别的普及，使其应用到与我们生活息息相关的各种设备当中，如灯具、电视、汽车等。同时，我们可能会开始看到供应商为这些语音助手定制更多的“触发词”，引导它们在“听到”指令之后能够以最快的速度给出响应。

3.面部识别成为新的“信用卡”

随着人工智能发展日趋走向成熟，面部识别技术已成熟，它可以采用生物识别功能，带来更高的安全性。

例如：2018年1月22日，被传为“神话”的亚马逊无人便利超市正式开业。电商巨头亚马逊与人工智能融合，打造了世界上最先进的购物技术Amazon Go。消费者只需使用Amazon Go应用程序进入商店，即可购买想要的商品并完成自动结算，无须在结账柜台前排长队等待，真正实现了的便利的无人购物体验。

亚马逊实现无人便利超市是借助人工智能解决方案实现的，具体的购物流程是：

首先，消费者需要下载App并注册亚马逊账户，之后用手机像地铁刷卡那样进入店铺。与此同时，位于入口处的摄像头会对消费者进行人脸识别。

当消费者在货架前停下来时，摄像头会捕捉并记录消费者手中拿起的商品，以及再次放回去的那些。放置在货架上的摄像头会通过手势，识别消费者是拿起了一件商品并购买了，还是拿起一件商品看了看又放回到货架上没有购买。店内的麦克风也会根据周围环境中声音的变化来判断消费者所处的位置。

货架上的红外传感器、压力感应装置（用于记录商品是否被取走），以及荷载传感器（用于记录商品是否被放回去）会记录下消费者取走了哪些商品以及放回了多少商品。而这些传感器就是商场中安装的摄像头和商品上的重量传感器。在对商品做记录的同时，这些数据会实时传输给Amazon Go商店的信息中枢。在消费者离店时，传感器会扫描并记录下消费者购买的商品，同时自动在消费者的账户上结算金额。

4.人工智能渗透到业务流程中

当人工智能渗透到业务流程中，各流程都需要借助人工智能来实现。

5.设备更具人性化

随着人工智能不断应用于各种设备，特别在人工智能融入智能手机和智能扬声器之后，其应用环境更加场景化。用户可以获得更多的人性化交互体验、有洞察力的答案，以及实现多方对话交流。而人工智能通过深度的机器学习，可以挖掘出更多人类的习惯和想法，从而使得各种设备更加具有人性化特点。

6.人工智能诊病、开药

人工智能的发展将给人类的健康医疗带来更加有意义的应用。人工智能在医疗健康领域中，可以为人口健康、医院运营、临床专业等方面带来完美的解决方案。数字化的医疗带来了整个医疗系统的全面升级。人工智能技术可以为患者进行诊病、开药，改变患者在医疗保健领域所获得的医治体验方式。

人工智能必将给我们的生产、生活带来巨变，为我们描绘出一个更加智能的社会。

人工智能产业革命落地的路径

人工智能革命正在从技术研究阶段跨越到技术应用阶段。目前，人工智能已经在多领域中实现了产业的商业化，如交通、医疗、城市服务、语音识别等。作为一次划时代意义的技术革命，人工智能带来的产业变革正在渗入各个行业，传统产业的转型不可避免，人工智能的出现将成为实体经济转型发展的必然选择。

人工智能能够对人类的生产、生活带来如此强的变革，那么推动人工智能产业革命落地的力量究竟是什么？

初步的共识是，其基本路径如下图所示：

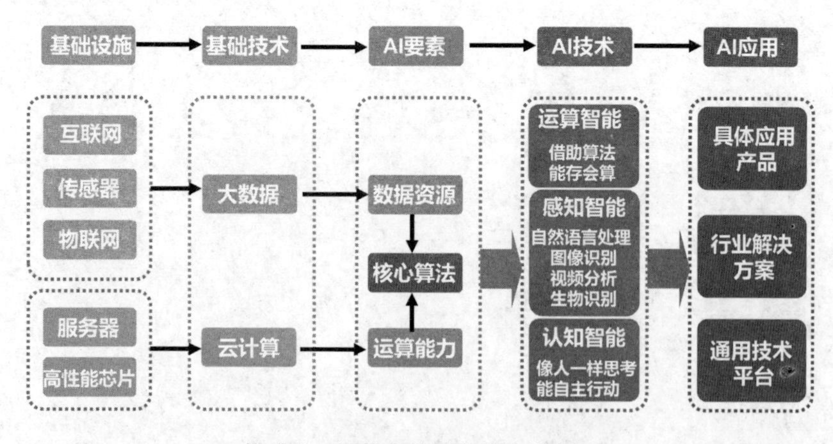

推动人工智能产业革命落地的路径

基础设施：物联网是基础

继互联网之后，物联网成为时下的一大发展趋势，各种智能硬件设备以及网络技术的不断发展和迭代，进一步推动了一个全新的“万物互联互通”的时代迅速到来。在物联网的基础上，各种全新的应用模式嫁接于物联网，实现产业应用的商业化。人工智能作为当下风潮正劲一项技术革命乘着物联网之风将会迎来蓬勃发展的“窗口期”。

人工智能的计算机可以更加智能地做出各种计划、制定策略、计算概率，并做出更加明智的选择。实际上，人工智能实现的基础就是互联网、传感器、物联网，以及服务器、高性能芯片。其中，物联网是核心和关键。如果说人工智能是大脑，那么物联网就是身体。物联网中数十亿的传感器和摄像头能够收集大量的环境和操作数据进行分类、分析，然后传输给人工智能的自动分析系统做出反应；反过来，这种反应又可以通过物联网和终端设备（如机器人、无人驾驶汽车）等来实施。

可见，物联网作为人工智能的一项关键性基础设施，是协同人工智能创造商业价值的支撑。目前，物联网的作用如下：

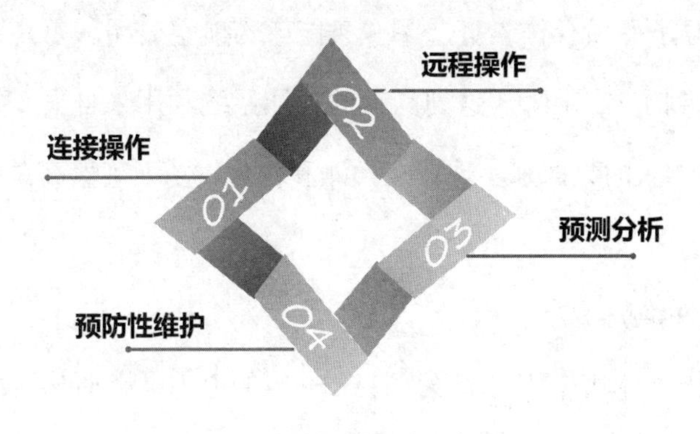

物联网的作用

1.连接操作

以亚马逊的仓库操作为例：通过智能和互联的仓库操作，仓库货架上的货物通过小型机器人平台的运输，将正确的货物运送到指定的地方，而且在整个沿途不会出现碰撞情况。基于这一点，使得订单履行更加快速、安全、高效。

2.远程操作

以国际航运公司马士基集团为例：该集团是全球最大的集装箱航运公司，主要管理各种配有传感器的航运集装箱，以监控器位置以及是否满载或空载，从而使得公司能够有效地将这些航运集装箱运输到世界各地。马士基公司打造了一个智能系统，利用物联网在运输过程中通过对冷藏集装箱内的温度、二氧化碳浓度和氧气含量等进行智能跟踪和管控，以提高冷藏容器中食品质量的可见度，保证运输的货物不受损坏，并加快交货和检验的速度。这个物联网+人工智能战略的实施，使得该公司每年节省了上亿元的成本。

3.预测分析

以全球电子电气工程领域的领先企业西门子为例：西门子和分析公司Teradata展开了一项合作，打造了一条能够与航空公司一争高下的高铁，最高时速达到了322千米。这列高铁的智能系统利用来自火车轨道和外部天气资源的物联网数据来实现智能预测和优化，从而确保高铁能够按时到达目的。

4.预防性维护

以法国电力供应商Enedis为例：Enedis的电力运营商从网络上的智能电表和传感器收集大量物联网数据，并将其与天气信息以及十年以来的断电记录信息结合，通过利用所有这些机构化和非结构化的数据，开发出一种智能学习系统，以此来预测在什么时候、什么地方可能出现重大停电故障，并推荐执行具体维护措施，帮助Enedis有效地做到了防患于未然。

以上有关物联网在人工智能场景中的应用都是经过实际应用测试和验证过的，因此，物联网+人工智能项目在连接操作、远程操作、预测分析、预防性维护四个方面的应用，为各领域提供更多解决方案的同时，也使得人工智能在各领域的发展中获得了更多的机会。

基础技术：大数据和云计算提供技术服务

云计算和大数据作为基础，在人工智能产业变革的过程中提供了有力的技术服务和保障。

1.大数据为训练人工智能提供素材

人工智能可以将人从简单的劳动中解放出来，而实现这一点的第一步就是对于大数据的探索和应用。

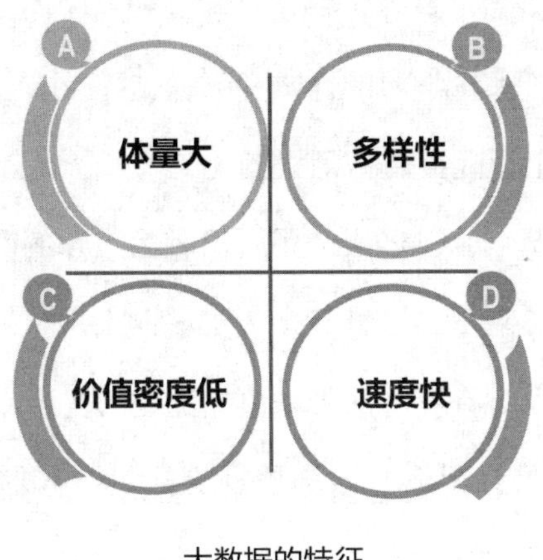

大数据的特征

人工智能的发展离不开大数据的支持，大数据的发展为人工智能的发展打造坚实的素材基础。大数据具有四个特征：体量大、多样性、价值密度低、速度快。大数据通过数据采集、预处理、存储及管理、分析及挖掘等方式，从各种各样类型的海量数据中获得有价值的数据信息，为训练人工智能提供广泛的原材料。人工智能的发展也需要海量知识和经验，而这些知识和经验就是数据。

据全国最大的社会化媒体传播公司We Are Social获得的统计数据显示："全球独立移动设备用户的使用率已经超过了总人口的65%，活跃互联网用户突破了40亿人，接入互联网的活跃移动设备超过了50亿台。"

根据国际数据公司IDC预测："2020年，全球将总共拥有35ZB（1ZB=1万亿GB）的数据量。"

如此庞大的互联网用户和移动设备，必将为海量数据的产生提供巨大的空间。如此海量的数据给机器学习带来了充足的训练素材，为人工智能提供了坚实的数据基础。另外，移动互联网和物联网的爆发式发展也为人工智能的发展提供了大量学习的样本和数据支撑。

2.云计算让人工智能更具智慧大脑

云计算从诞生至今，已经成为了一门较为成熟的网络信息技术，在当前人工智能发展的热潮下，云计算融入更多的人工智能商业化当中，为智慧城市、公共政务以及普罗大众带来更加深刻的变革。

想象一下，如果有很多台服务器、交换机、存储设备放在你的办公室，你想将这些设备进行统一管理，在别人向你请求分配资源的时候，你能够随时按需分配给他们。对于传统的物理机器显然不能自动完成你的指令，但云计算则是这个问题的最佳解决方案。因为云计算最初的目标是对资源的管理，管理的主要是计算资源、网络资源、存储资源三个方面。而人工智能的目标是让机器拥有人一样的智慧能力。人工智能和云计算融合之后，云计算能够提供移动计算模式和计算资源，而这种计算资源也正是人工智能发展所需要的。

这样，人工智能在云计算技术的协助下，一方面能够使得智能机器对海量数据信息不断积累和存储，提升智能机器的"记忆"能力；另一方面，通过云计算提供的移动计算模式和计算资源，可以让智能机器有更好的计算能力、分析能力、识别能力，让人工智能更具智慧大脑。

如果将人工智能看作是一辆汽车，那么云计算就是引擎，大数据就是燃料。前文提到人工智能的关键技术——深度学习，其实就是基于云计算和大数据日趋成熟的背景下才取得的实质性进展。

阿里云推出的"ET工业大脑"就是云计算在人工智能中的应用项目。"ET工业大脑"让机器能够具备感知、传递信息以及实现自我诊断的能力。"ET工业大脑"通过分析工业生产中收集的数据，可以优化生产机器的产出，减少废品出现率而导致的成本。该项目本质上是通过传感器、阿里云的计算能力和深度学习的能力，帮助传统制造企业向人工智能升级，并且有效解决了制造业降低废品生产率、减少废品成本的问题。

可见，人工智能的发展大数据，也离不开云计算。作为人工智能产业的技术基础，大数据和云计算在为人工智能提供技术服务的同时，更是推动了人工智能向更加高层次迈进。

关键技术：基于应用场景的智能技术

任何一项技术的出现和发展，其最终目的都是为了能够得以应用。人工智能技术同样如此。人工智能在发展的过程中先后经历了技术的三次蝶变：运算智能技术、感知智能技术、认知智能技术（如下图）。

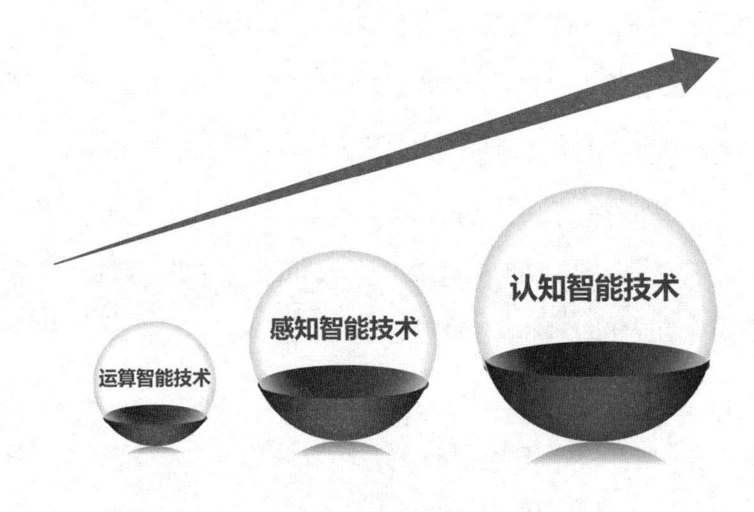

人工智能发展历程

1.运算智能技术

运算智能技术，即快速计算和记忆存储能力的技术。人工智能所涉及的各项技术发展是不均衡的。就现阶段的计算机而言，所蕴含的优势是运算能力和存储能力。在硬件方面，芯片技术和云计算水平的提高促进了人工智能的发展。运算智能技术的主要应用场景包括视频监控、人脸识别等。

1996年，IBM研发的象棋计算机——深蓝计算机战胜了当时的国际象棋冠军卡斯帕罗夫，成为历史上第一个成功在标准国际象棋比赛中打败世界冠军的计算机系统。深蓝计算机采用的是混合决策方法，它将通用超级计算机处理器与象棋加速芯片相结合，在超级计算机上运行的软件执行一部分运算，把错综复杂的棋步设计交给加速器处理，然后计算出可能的棋步和结果。

2.感知智能技术

感知智能技术，即获得视觉、听觉、触觉等方面感知能力的技术。人和动物都具备感知能力，能够并且能够通过各种智能感知能力与自然界进行交互。自动驾驶汽车就是通过激光雷达等感知设备和人工智能算法而实现的感知智能。机器在感知方面比人类更具优势。人类都是被动感知的，但是机器却可以主动感知，如激光雷达、微波雷达、红外雷达，其应用场景主要是图像识别、语音识别、语义分析、智能搜索等。

波士顿动力学工程公司专门为美国军队研究设计的大狗机器人（Big Dog），因形似机械狗所以得名。Big Dog被称为“当前世界上最先进适应崎岖地形的机器人”，它的四条腿是模仿动物设计的，内部安装了特制的减震装置，全身场1米，高70厘米，重量为75千克，从外形上看，像极了一条真正的大狗。

Big Dog能行走、跑步、爬升、承载重物。它不但可以爬山涉水，还可以承载重量超过150千克的武器和其他物资，其行进速度能够达到7千米/小时，能够攀越35度的斜坡。另外，它还可以自行沿着预先设定的简单路线行进，也可以进行远程控制。

Big Dog

Big Dog内部安装有一台计算机，可根据环境的变化调整行进姿态。而大量的传感器，包括关节位置、关节力、地面接触、地面负载、陀螺仪、激光雷达和立体视觉系统，能够保障操作人员实时跟踪“大狗”的位置并监测其系统状况。

除了类似于大狗机器人（Big Dog）这样的感知机器人，像我们平常所熟知的自动驾驶汽车、苹果开发的Siri等，也都属于感知智能阶段的产物，因为其内部系统都充分使用了大数据和深度神经网算法（DNN）的成果，机器在感知智能方面已经越来越接近于人类。

3.认知智能技术

通俗地讲，认知智能技术是人工智能已经拥有“能理解、会思考、可学习”能力的技术。人类有语言才有概念、推理，所以任何概念、意思、观念都是人类认知智能的表现。人工智能在这个阶段，已经拥有了像人类一样能够认知事物的智慧和能力，能够进行思考、计划、解决问题、抽象思维和理解复杂理念、快速学习和从经验中学习等操作，并且在操作实施的过程中和人类一样得心应手。认知智能技术，主要的应用场景包括无人驾驶、智能机器人等。

2016年3月，谷歌旗下DeepMind公司开发的阿尔法狗与围棋世界冠军、职业九段棋手李世石进行围棋人机大战，结果阿尔法狗凭借其进展的棋艺以4∶1打败了世界冠军，从此成为人间无敌手。

2017年，谷歌DeepMind公司再次打造出阿尔法狗的“弟弟”阿尔法元，并且只靠一副棋盘和黑白两子，没看过任何棋谱，也没有经过任何人的指点，从零开始，自己参悟，最终以100∶0打败了“哥哥”阿尔法狗。

阿尔法元之所以比阿尔法狗的棋艺还更胜一筹，能够达到超人的境界，关键在于阿尔法狗是建立在计算机通过海量的历史棋谱学习参悟人类棋艺的基础之上进行自我训练，它需要在48个TPU①上，花费几个月的时间，学习3000万棋局，最终实现棋艺的不断超越，才能打败人类。而阿尔法元则不需要参考人类任何的经验知识，完全靠自己的强化学习和参悟来获得更加高超的棋艺，它只需要在4个TPU上，花三天时间，自己博弈490万个棋局，就能在与阿尔法狗比赛的时候能够百战百胜。

阿尔法狗和阿尔法元都是认知智能阶段的产物，阿尔法元能够在阿尔

---

① TPU是一种高性能处理器，是一种专门为机器学习设计的专用集成电路。TPU与CPU、GPU相比，效率提高了15~30倍，能耗降低了30~80倍。

法狗的基础上变得更加强大，是因为它能借助学习算法就得更智能。

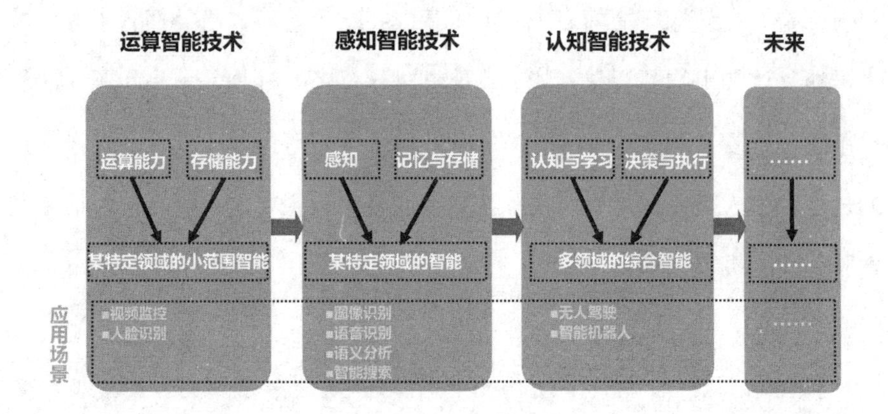

人工智能技术的应用场景

★人工智能问题思考★

未来是否会有一种更高层次的技术出现，超越人类智能?

其实对于这个问题，牛津哲学家、知名人工智能思想家Nick Bostrom给出了答案。他认为在未来，将会出现超级智能技术，并把其定义为“几乎在所有领域都比最聪明的人类大脑都聪明很多，包括科学创新、通识和社交技能”。超级智能技术的出现，可能会使人工智能在各方面都比人类强一点，也可能是各方面都比人类强万亿倍。未来，超级智能技术的主要应用场景可能包括：创新创造、解决人类无法解决的难题。

但是，就目前而言，超级智能技术的实现还需要一定的时间。

虽然当前人工智能技术的发展速度还比较缓慢，未来更高级的人工智能阶段离我们还比较远，但是目前已经吸引了众多企业、团队疯狂注入巨资开始在人工智能领域大展身手，以加快人工智能技术场景化应用的步伐。

技术应用：打造人工智能产品和服务

人工智能是未来的发展趋势，应用落地是技术发展的关键所在。基于人工智能技术的产品和服务创新，最终服务于用户需求。

在技术落地的具体过程中，主要通过三个方面实现：

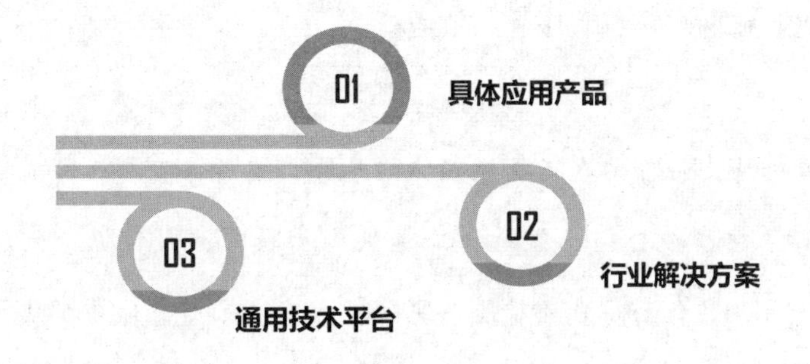

人工智能的技术落地

1.具体应用产品

人工智能一般是作为辅助人类工作的工具而出现的，现阶段的人工智能产品已经有很多在人们的实际生活中得到了广泛应用，如扫地机器人、服务员机器人、儿童智能玩具、医疗机器人、无人驾驶汽车等已经走进了大众视野。实际上，机器人只是人工智能的一种形态，除了机器人之外，人工智能的具体应用产品还有很多。

■教育领域：人工智能在教育领域的应用已经在批改作业、教授英文等教学项目上有所突破，甚至还在探索“私人定制”“千人千面”的个性化学习模式上。

■金融领域：智能投顾、智能理财已经运用于个人资金管理、资产配置等方面，从而实现个人资产配置的最优化。

■新闻领域：人工智能在新闻领域的应用，表现最出色的当属机器人写稿、智能视频剪刀手等智能生产工具。

2.行业解决方案

人工智能技术的第二个应用层面就是为行业提供解决方案，从而保证各行业能够更加顺畅、有序、高效运行。

您好科技公司作为人工智能领域的先驱，更加注重人工智能技术的落地。目前，该科技公司已经结合计算机、物联网、大数据、云计算等数据，为企业提供全面高效的智能系统解决方案，如智慧城市解决方案、智慧园区解决方案、智能终端解决方案、产业园O2O运营方案等。

以您好科技的智能问行解决方案为例，该方案为企业用户提供专属的智能终端定制，运用您好科技后台终端系统，结合当前大数据、云计算等智能技术，让企业用户通过消费者画像、后台管理数据实时分析消费者数据，帮助企业实现更高的智能营销升级效率。

3.通用技术平台

人工智能本身就是一种新的通用技术，所谓通用技术，就是有多种用途、应用到几乎所有领域，并且能产生巨大的溢出效应。人工智能作为一种通用技术，已经应用于为人类提供高效解决方案，虽然尚处于初级阶段，但作为一项通用技术对于各行业的发展所带来的冲击力是巨大的，同时所产生的经济效益也是非常可观的。

随着各种基础技术的不断发展和成熟，人类在实现人工智能梦想的路上迈出了实实在在的一大步，尤其在人工智能技术的产品和服务方面所取得的成果更是有目共睹的。也正是因此，吸引了各领域的众多企业纷纷向人工智能行业应用转型。

第二章

资本盛宴：

全球科技巨头血战人工智能，抢占资本风口

纵观当前人工智能发展现状，京东的“无人客服”、苏宁的“苏小语”、阿里巴巴的“阿里小蜜”等智能客服已经成为了电商客服咨询的主力。再加上百度大脑等，这些不断涌现的场景化应用战争吸引了全球众多科技巨头血战AI，在抢占资本风口的同时，也在高调向世人展示其“all in AI”的魅力。

国内互联网三巨头逐鹿人工智能领域

随着互联网上半场的结束，下半场人工智能的逐鹿已经被各大互联网公司列为当前发展的核心方向。在我国，走在科技前沿的互联网三大巨头BAT（百度、阿里巴巴、腾讯）也不息重金，大力发展人工智能。虽然三者布局人工智能的思路和侧重点有所不同，但都交出了一份亮眼的成绩单，为我国人工智能产业的增添了精彩的一笔。

百度：转战人工智能，打造完整布局架构

百度作为全球最大的中文搜索引擎、最大的中文网站，凭借全球先进的搜索引擎技术，使其成为了与美国的Google、俄罗斯的Yandex、韩国的NAVER比肩的全球仅有的4个拥有搜索引擎核心技术之一互联网公司，也由此奠定了其在互联网领域巨头的地位。

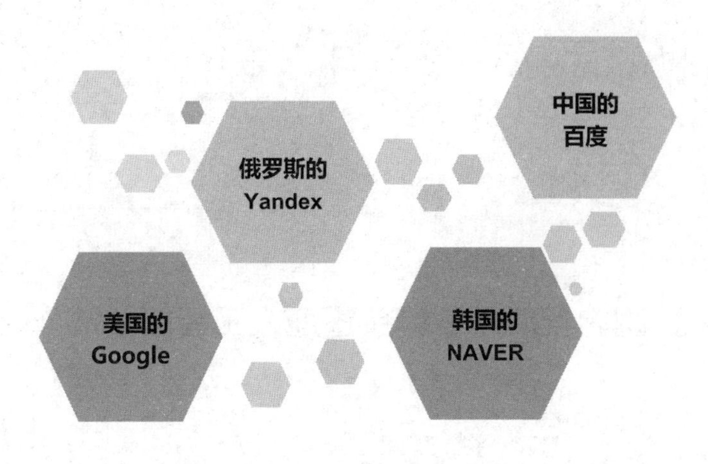

全球四大搜索引擎

随着人工智能的发展与壮大，着眼于人工智能领域，开始率先转战人工智能，并大肆布局。

★人工智能问题思考★

为何百度能够率先进入人工领域

对于这个问题，有人会认为是因为百度在互联网领域中拥有雄厚的实力，但从本质上来讲，还要回归到百度最初的功能上来。众所周知，百度是一家靠强大的搜索引擎技术而起家的，也正是因为这一点，使得百度能够积累规模庞大的用户所产生的海量数据。而这些数据正是人工智能发展过程中所必需的基础技术，这就为其能够率先涉足人工智能领域埋下了很好的“伏笔”。

其次，百度作为搜索引擎公司，在技术方面也获得了全面的积累，包括大数据分析技术、深度学习技术、神经网络技术等。基于这些极其强大的数据技术积累，为百度能够向人工智能领域转型提供了良好的契机，也使得转型相对容易。

其实，像百度这样的搜索引擎企业都可以成为向人工智能转型的先行者。所谓“水到渠成”，百度之类搜索引擎企业能够成为进入人工智能领域中的领头军具有一定的必然性。

百度在人工领域布局已经有七八年的时间了，在这段时间里，百度以NLP、语音、机器学习、图像等方面作为入口，已经形成了一个比较完整的人工智能技术布局，包括基础层、感知层、认知层、平台层、生态层、应用层六个层面。

百度人工智能技术布局图

1.基础层

当前很多新兴技术都是与互联网息息相关的，所以掌握好、利用好、分析好这些互联网数据，在很大程度上能够帮助人类对整个客观世界有更加深入的理解。

百度在布局人工智能的过程中，在基础层主要从大数据、算法、大计算三方面入手，如数据的采集与提炼；打造了M1集装箱数据中心；国内有最大的GPU集群，有非常强的宽带和吞吐能力等。

2.感知层

1）语音技术

语音技术市场需求是非常巨大的，百度正是看中了这一点，打造了多场景语音识别、合成和唤醒功能。

■语音识别

语音识别经常在人们的生活中会用到，如家具场景识别、车载场景识别等，越来越多的语音识别并不是像传统那样对着麦克风说话，而是即便有一定的距离，也可以通过语音识别实现。这里不仅仅涉及语音和声学信号处理问题，还涉及到了对语言的理解、对场景的辨别能力，这样才使得语音识别能够更具个性化，更具智能化。

Deep Speech（深度语音识别系统）是百度研发的一款语音识别技术，该技术即便在嘈杂的环境下也能使其识别的精准度达到81%。该款语音识别系统采用深度学习算法取代了原有的模型，使用递归神经网络或模拟神经元阵列进行训练，从而让语音识别系统更加简单化。

■语音合成

语音合成技术通常用在文学有声阅读、任务播报等领域，百度语音合成技术能够将用户输入的文字转换成流畅自然的语音输出，并且可以支持语速、音调、音量、音频码率设置，这打破了传统文字式的人机交互方式，让人机沟通更加自然，给用户带来最舒适的听觉体验。除此以外，还支持多种语言多种音色，如中英文混读、男声、女声、童声等，拥有最甜美和最具磁性的声音。

■语音唤醒

所谓唤醒就是当我们在需要设备的时候就叫一声它的名字，此时它就知道你要跟它说话，比如一台智能音响或一台智能电视。对于语音唤醒技术而言，重要的是控制其误唤率，比如一个在家里摆放的智能音响，如果不需要它“醒来”的时候，突然之间自己就“醒来”，这样会给人带来不好的体验。百度语音唤醒技术可以应用于指令唤醒、车载唤醒、家具唤醒，该技术拥有海量唤醒词数据，并且误唤醒率低。

2）图像技术

■人脸识别

人脸识别是百度在人工智能方面布局的重要方向。人脸分为静态和动态两种，静态的如一张照片，检测里面有没有人脸，或者有两张照片，可以进行对比，看是不是同一个人。这方面的准确率目前已经很高了。但在识别动态图像的时候，整个原理和运作过程是比较复杂的，比如有一段视频，首先就需要对视频中的人脸进行定位。百度动态人脸识别技术可以应用于实时人脸检测、跟踪，并通过算法自动抓取或生成高质量的人脸图片，同时可以实现千万级人脸库实时识别，其准度极高。

■细粒度图像识别

这与常规的计算机自动识别某一具体常见物体有所区别，如狗、鸟、桌子等。细粒度图像识别技术更加注重的是细节，例如当需要在一幅图里很具体地找到其中一个部分是什么，或识别一条狗是哈士奇还是阿拉斯加，这里就需要借助细粒度图像识别实现。

百度推出了自动菜品识别应用。通过自动菜品识别，可以帮助人们寻找自己周边的哪家餐厅做的宫保鸡丁最好吃，这样食客可以根据自己的口味更加方便地找到自己喜欢的美食。当前，百度对于美食图片的识别率已经达到了90%。

■机器人视觉

机器人视觉技术设计到如何进行定位、做地图重建等。在机器人视觉技术中增强现实技术AR/VR是一个独立的方向，通常拍照片的时候会有增强现实的效果。百度机器人视觉是当前唯一既有导航定位，又有物体识别的机器人视觉。

3.认知层

1）NLP（自然语言处理）

百度传统的信息检索在搜索的过程中是不论语序的，比如输入“小明是谁的儿子”“谁是小明的儿子”，搜索后得到的结果是相同的。而基于自然语言处理技术的检索，则更具理解能力和分析能力，所以能够帮我们找到不同的搜索结果。

“百度翻译”可以识别全球28中语言，并进行互译，互译的方向大概为700多个，每天有过亿次的翻译请求。百度翻译就是结合了语音技术、视觉技术，并延伸出了语音会话翻译、拍照翻译等应用。

2）知识图谱

知识的存取不只是静态的，而且涉及到知识推算和推理。比如百度会自动提醒“距离春节放假还有多少天”，系统自己知道今天是哪一天，春节是今天后的哪一天，并以此动态做一个计算。

3）用户画像

百度目前已经在用户画像方面获得了丰富的累积，有非常多细分的标签。如一个人可以从人口属性、行为习惯、兴趣爱好、生活区域、短期意图等五个维度去刻画，形成初级的用户画像，构建个体模型。

4.平台及生态层

这两层更多的集中在百度大脑，完整的生态包括云和端两个部分。

百度云是一个非常巨大的计算平台，该平台不但百度可以使用，而且面向合作伙伴开放。百度在布局人工智能过程中的战略方向是建立一个引领新时代的AI计算机平台，通过将DuerOS、阿波罗平台、百度大脑和百度智能云等综合在一起，形成一个强大的AI生态。

以对话式人工智能开放平台DuerOS为例。DuerOS开放平台的技术架构中包含了“对话服务”“技能框架”两大部分。这两个部分连通起来的对话核心系统、智能设备开放平台和技能开放平台，共同构成了完整的DuerOS智能生态系统。其中对话核心系统通过云端大脑自动学习，利用语音技术、自然语言处理技术、搜索技术等，通过知识图谱、网页图谱等大数据，为智能设备赋能，具有人类语言能力。

5.应用层

百度除了将人工智能技术应用于自身原有的搜索、信息流内容以及广告推荐等核心业务，还在自动驾驶、虚拟助手、金融、教育、医疗、智能硬件等众多领域进行了大范围的布局。

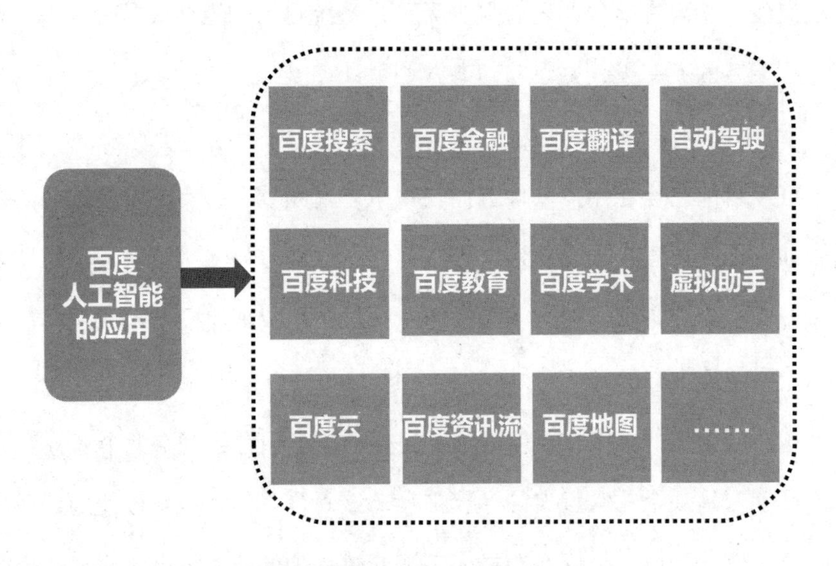

百度人工智能应用

百度自动驾驶技术平台项目Apollo在2017年11月被列入国家人工智能开放创新平台名单。Apollo项目提供一整套软硬件和服务解决方案，包括车辆平台、硬件平台、软件平台、云端数据服务四个部分，向汽车行业以及自动驾驶领域的合作伙伴提供一个"开放、完整、安全"的软件平台，帮助他们结合车辆和系统硬件，快速搭建一套属于自己的完整自动驾驶系统。

基于百度人工智能的布局架构，我们不难发现，百度正在逐步开拓人工智能新领地，这为百度占得人工智能市场先机争取了足够优势。与此同时，百度还在疯狂“招兵买马”，以奠定自身人才优势的地位。百度布局人工智能的动作如此频繁，其背后透露出的是其正加紧将人工智能技术赋能于智能硬件，从幕后走向台前，推动自身和我国人工智能的“画布”更为绚丽。

阿里巴巴：打造人工智能实验室，专研AI应用

人工智能时代已经来临，阿里巴巴作为全球最大的电商平台，在“人工智能”这个概念上宣传得很少，其实阿里巴巴的人工智能属于阿里DT体系，与云计算、大数据、物联网在整个电商网络下共生。

作为BAT之一的阿里巴巴在人工智能布局上起步较晚，在产品尚未成熟之际，阿里巴巴的人工智能产品更多的选择以云服务产品为定位。如今，阿里巴巴正在向人工智能领域全面发力，打造了人工智能实验室，开始大踏步走上自己的“人工智能生涯”。

1.阿里人工智能客服

传统业务中，往往需要客服为客户服务并解决各种难题，早期的客服大多数是以热线的方式存在的，还有一部分是PC端的在线客服。但这两种方式往往存在电话成本高、网络不畅、客服一天到晚需要重复回答海量基础问题等原因，无论是对于业务方还是对于客户来讲，都不能获得满意的体验，更重要的是有很多有价值亟待解决的问题排不上队。

人工智能时代，这些问题将被彻底破解。阿里巴巴借助人工智能技术打造的人工智能客服在降低了客服成本的同时，大幅提升了客服效率。

1）阿里小蜜

阿里小蜜是阿里巴巴推出的智能私人助理，围绕电子商务领域中的服务、导购以及问题处理等为核心的智能人机交互产品。

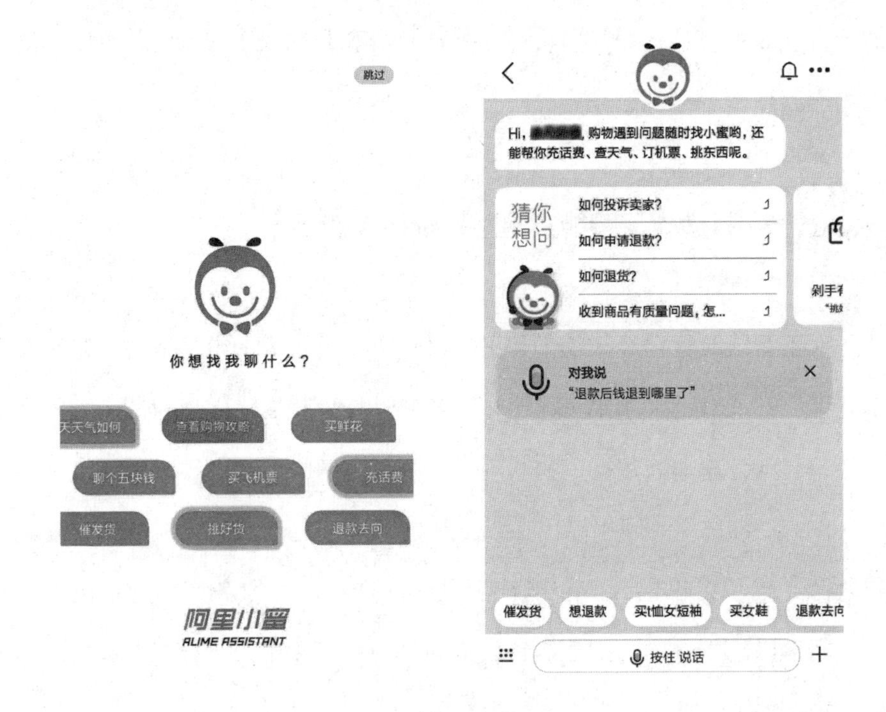

阿里小蜜截图

阿里小蜜自上线以来，在淘宝和天猫平台的日处理用户消息数量达到400万次，其中近百万用户选择直接向“小蜜”提问，取代传统客服热线。按照一个传统客服日均接待客户数量100人来计算，“小蜜”所服务的客户数量超过传统客服的4倍。

此外，阿里小蜜在客户提出问题之后，能够精准识别客户需求，并且平均响应时间还不到1秒，这样就极大地降低了原来打热线电话或在线客服排队等候的时间；“小蜜”还能7×24小时无缝转接至人工服务。

阿里小蜜的功能除了做基础服务，还可以做智能助理，如充话费、查天气、买机票等诸多功能。

以充话费为例。当前让“小蜜”帮助充话费已经跃升为会员在“小蜜”上成交的第一大类目，充值全程只需要5秒钟就能快速完成。

2）支付宝人工智能客服“小蚂答”

除了阿里小蜜之外，阿里巴巴还基于人工智能打造了支付宝人工智能客服“小蚂答”。用户只要对着手机“下达指令”，系统就能识别语音并直接跳转服务。打开支付宝“我的客服”，用户甚至还没想好要问什么问题，“小蚂答”就已经根据行为轨迹、机器算法、大数据等技术“排兵布阵”，提前做好了准备通过“猜你想问”板块为你推荐相关问题。

“小蚂答”完成5轮问题，仅需大约1秒钟的时间，这比人工客服的效率高出了30—60倍。此外，“小蚂答”还可以为用户自动判断风险，一旦出现紧急情况，可以启动一件挂失、一健报案等功能，时刻保护用户的财产安全。

无论是阿里小蜜还是“小蚂答”，正是采用人工智能+自然语言处理技术+知识图谱的方式实现了准确理解客户语义，并为客户精准解决需求的应用。阿里小蜜、“小蚂答”可以说是重构了人工客服模式，使得人与机器的沟通更加深入、自然、顺畅，交流更加亲切，成为我们更具人情味的“朋友”。

2.智能产品搜索与推荐

虽然马云认为当前的人工智能技术仍然处于“婴儿期”，但阿里巴巴对人工智能技术的应用，足以看出马云对人工智能技术的重视程度。除了阿里小蜜、“小蚂答”这样的工智能客服之外，阿里巴巴还在天猫、淘宝的产品搜索和推荐功能中融入人工智能技术。

阿里巴巴的天猫和淘宝平台对用户的消费数据进行分析，然后根据这些数据为消费者推荐其可能会购买的相关产品。

例如，如果一个消费者买过一件补水护肤品，那么在其购物之后，再打开淘宝或天猫页面时就会发现网站向他推荐了很多相关的补水护肤品产品。传统的仅依据消费者购物的历史数据所搜索和推荐的功能往往不具备准确性和全面性特点，而针对这些问题，阿里巴巴使用实时线上数据建造模型，并预测消费者想要的产品究竟是什么。人工智能应用于这个模型当中，不但会反映消费者的购买历史，还会反映消费者更多的行为，如商品浏览、商品评论等。

例如，一位女性消费者有严重的过敏情况，医生建议她购买如含有绿豆、芦荟之类的护肤品以减少对皮肤的刺激，因此她在淘宝上买了一盒芦荟胶和一盒绿豆面膜。当她下次打开淘宝网页的时候，淘宝网很可能会为她推荐一些有关预防和缓解皮肤过敏的文章。

值得一提的是，阿里巴巴在应用人工智能技术进行搜索和推荐的过程中所使用的数据来源并不仅限于淘宝、天猫，而且还来源于阿里巴巴下属或合作的众多互联网资源，这些渠道为阿里巴巴提供了丰富的数据资源，从而保证了人工智能能够更好地进行学习。

3.智慧供应链

阿里巴巴还借助人工智能开发了阿里智慧供应链，即利用人工智能帮助线上和线下的商户预测商品需求，备货、补货以及分配库存，以达到最佳的周转率，降低库存成本，确定最佳供应商品以及定价策略等。智慧供应链帮助商户有效平衡供需，从而减少了因库存不足而带来的巨大损失。

阿里巴巴打造的智慧供应链，其原理是是借助人工智能技术，以及消费者的购物偏好和购物行为、季节性和区域性的数据变化等，从而达到预测新产品需求的目的。

4.智能物流

阿里巴巴旗下的菜鸟物流自成立以来，与国内外90多个合作伙伴建立了合作关系，目前每天处理的包裹运输量达到了4200万件。能够有这样的成绩，实际上与大数据和智能仓库管理系统、数字运单系统、计算机包裹分拣和发货中心的功劳是分不开的。

那么阿里巴巴的菜鸟物流究竟是如何与人工智能技术相结合的呢？菜鸟物流借助地理信息系统GIS和人工智能训练计算模型为货物运输找到最为节约成本的运输路径。菜鸟物流还与国内几个大型汽车制造商联手合作，制造出100万辆绿色能源运输车，这些车辆借助人工智能技术可以对行驶路径进行智能预测，将行驶距离降低了30%。此外，利用人工智能技术还可以预测包含多个商品的订单需要的包装盒尺寸，有效改善了以往资源浪费的现象。

5.阿里云ET城市ET大脑大脑

在人工智能发展的道路上，阿里巴巴主要围绕城市、工业这两个场景推出了一个人工智能产业方案——阿里云ET大脑。

1）城市ET大脑

今天，世界各国城市的可持续发展正面临很多困难，如城市交通拥堵没有技术上的进一步突破和创新，我们将面临更大的挑战。基于互联网、物联网、大数据、云计算的人工智能的出现将会成为城市问题的“良药”。阿里巴巴打造的“阿里云ET城市ET大脑”，为解决城市问题带来显著的成效。

城市ET大脑在城市建设中所做的，就是以互联网为基础，利用丰富的城市数据资源，对城市进行全面、及时地分析，可以对交通拥堵情况进行提前预测，为交通管理者制定、选择交通管理措施提供依据。同时，借助该技术生成的成果，交通部门还能够合理规划城市道路，科学设置信号灯，改善交通拥堵现状。

以杭州城市ET大脑的应用为例。在杭州，城市ET大脑从城市摄像头所拍取的视频中得到了实时交通流量，让城市的交通信号灯能根据实时流量对每个路口的时间分配进行优化，有效缓解了交通拥堵现象。凭借惊人的计算机视觉分析能力，利用每个交通摄像头对道路进行实时交通体验，就好像是在每个路口设置了一个全天候无休的巡警，提高了交通效率。

由此可见，城市ET大脑的应用能够有效调配公共资源，有助于社会治理方式不断完善，从而推动城市的可持续发展。

2）工业ET大脑

工业ET大脑的主要任务是“走进”车间，为工业制造过程中出现的效率问题、故障预测等提供有效地解决方案。目前已经在橡胶、能源等行业落地，在节约成本、大幅盈利方面取得了很好的效果。

在全国最大的轮胎制造企业中策橡胶集团，其生产车间中已经引入了阿里巴巴的工业ET大脑。通过人工智能算法可以在短时间内处理分析每一块橡胶的出处，匹配出最优的合成方案，将混炼胶平均的合格率提升了3%—5%。

3）金融ET大脑

对于金融行业来讲，风控是极其重要的环节，如果在这个环节把控不好，将会带来极大的经济损失。在金融领域也有阿里ET大脑的应用。金融ET大脑是一套具备智能风控、千人千面、关系网络、智能客服等能力的智能解决金融方案。

阿里云和南京银行联合，用金融ET大脑对风控反欺诈行进行全流程梳理。具体在实施的过程中，利用金融ET大脑在补充进去更多数据维度的同时，对整个流程进行梳理和风险反欺诈优化。基于这一风控方案，南京银行改善了贷款流程，54%的贷款申请可以免去不必要的人脸核验和视频身份核查，减少了重复见证的成本，提高了贷款审批的效率。

相信随着人工智能的爆发式成长，阿里巴巴在人工智能领域的布局也将越来越多，届时除了在客户服务、金融风险把控等领域的应用，还会进一步像教育、医疗等更多领域延伸。

腾讯：人工智能布局多领域，实现“智”变升级

在百度、阿里巴巴为争夺人工智能资本“火拼”的时候，腾讯自然也

不甘示弱，开始转变战略，凭借公司规模优势奋起直追，虽落后于百度、阿里巴巴，但其作为BAT成员之一，格局和优势也不容小觑。

那么腾讯又是凭借什么能够在人工智能领域占领一席之地的呢？正如马化腾所说："在公司内部，我们已经拥有了一些人工智能结合业务的形态，比如我们在微信朋友圈和QQ空间拥有上十亿的人脸照片，基于这些，我们在国内对后台数据分析已经有相当长时间的研究，并且都已经用上了人工智能技术，只是平时大家感受不到。"

马化腾的一番话说明了腾讯能够实现在人工智能领域布局的基础，就是其拥有的上十亿人脸照片的数据信息。基于此，腾讯在全球范围内正式向全球企业提供7项人工智能服务，包括人脸检测、五官定位、人脸比对与验证、人脸检索、图片标签、身份证OCR识别[①]、名片OCR识别。

在这些技术的应用下，腾讯实现两大方面的布局：

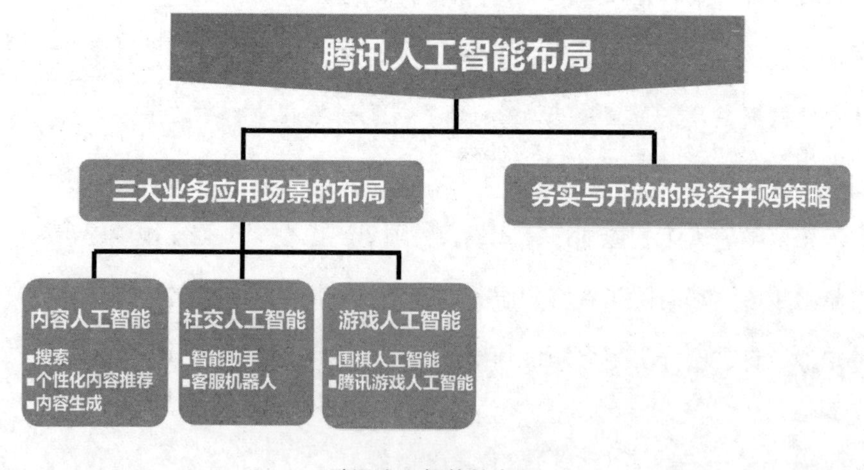

腾讯人工智能的布局

① OCR识别：即Optical Character Recognition，是光学字符识别技术。该技术可以将图片、照片上的文字内容，直接转换为可编辑文本的软件。

1.三大业务应用场景的布局

1）内容人工智能

在内容人工智能方面，包括QQ音乐、腾讯视频等产品与人工智能技术相结合，一方面能够更好地理解文本、图像、视频内容；另一方面可以把各个场景的互联网数据进行整合，并为用户进行画像。这样不但能够更加深入理解场景，还能够更好地理解用户，把客户吸引到新的场景中，并在不同场景里匹配个性化内容。当前，内容人工智能的应用场景主要为搜索、个性化推荐、内容生成三个方面。

2）社交人工智能

在社交人工智能方面，人工智能技术的应用主要体现在语音和对话两方面。社交人工智能包括微信、QQ空间等社交平台的人工智能开发，拓展能力包括聊天机器人、智能助手和人机对话。

3）游戏人工智能

在游戏人工智能方面，目前腾讯研发出了围棋人工智能“绝艺”，并在2017年的第十届日本UEC杯计算机围棋大赛中获得冠军。

2.务实与开放的投资并购策略

自2014年以来，腾讯在海外投资、收购了多家人工智能产业链公司。目前，腾讯投资部门开始以最快的速度投资和并购人工智能项目，以配合本集团的人工智能策略。

2017年，腾讯并购了电动汽车制造商特斯拉5%的股权，并成为特斯拉的第五大股东。特斯拉目前在无人驾驶研究方面处于全球领先地位。此前腾讯向无人驾驶行业投资，包括中国网约车公司滴滴出行和地图集团Here。

腾讯的务实与开放的投资并购策略，目的是为了在人工智能领域大批量筛选优秀项目，寻找更多的应用场景和使用者，加速本集团的人工智能布局速度，不断推动人工智能发展的生态建设，赋能各个行业实现“智”变升级。

国外巨头大肆挺进人工智能市场

人工智能不仅仅是国内BAT争相争抢的一块“肥肉”，国外巨头大肆挺进人工智能市场的势头则更是来势汹汹。

微软：研发进入交互综合运用阶段

微软作为曾经的Windows之王，如今也纵身一跃成为了人工智能的巨头，其在人工智能领域的布局已经进入了交互综合运用阶段。

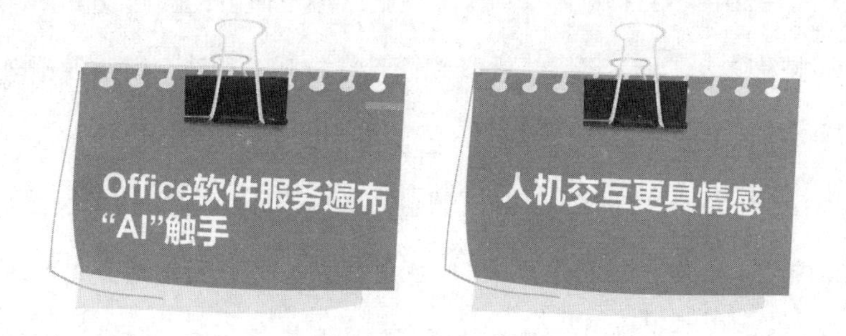

微软的人工智能服务

1.Office软件服务遍布“AI”触手

任何使用过Microsoft Office软件的用户都有体会，当前的Microsoft Office软件较之前的功能有了很大的提升。事实上，当前的Microsoft Office软件套件中增加了许多深层次的人工智能功能。

例如，PowerPoint中，Quick Starter可以使用人工智能来帮助用户找到正确的模板，用户只要在PPT中输入一个简单的单词，就能出现很多个关于该单词的搜索结果。另外，在智能云上进行PPT图片编辑，人工智能可以帮助用户给图片命名。

2.人机交互更具情感

对话型人工智能是微软在人工智能布局的另一个方面，该领域的布局中，聊天机器人已经有了突破性进展。

微软在人机交互领域的脚步一直没有停止过，先后研发了微软小冰、Rinna、Zo。

1）小冰

小冰在2014年5月诞生于中国，是微软最早研发的人机交互产品。目前，小冰的功能已经不仅限于社交，而且在歌唱、写诗、财经评论等方面也进行了尝试。

2017年，小冰在1920年以来519位中国现当代诗人所写的几千首诗集的基础上进行上万次学习，只要接收到给出的图片，其“视觉”就能受到刺激马上写出诗。

此外，在2018年，小冰还参加了北京广播电视台主办的“歌唱北京”原创歌曲征集活动，微软小冰推出了一首《AI北京》的曲目，该曲目是由小冰亲自填词和演唱的作品。事实上，在此之前，小冰已经演唱过了《隐形的翅膀》《山歌还比春江水》等不同风格的音乐作品。

2）Rinna

在小冰取得成功后，微软又在日本推出了Rinna。Rinna与中国小冰有很多相同之处，因此可以说是日本的小冰。如今，Rinna会定期与20%的日本人展开对话。

3）Zo

Zo是微软推出的一款社交聊天机器人，它是以微软小冰和微软Rinna的技术为基础，在开发的过程中使用了来自互联网的大量社交内容，从人类的互动交谈中学会了如何利用有情感、有头脑的方式进行回应，不仅能够提供独特的视觉，还能辅以适当的礼仪和情感表达。

Zo经常在美国与10万人展开对话。Zo保持了微软聊天机器人迄今为止最长的连续通话记录：1220回合。

微软每一次人机交互机器人的研发，都将人工智能提升上了一个更高的层次，使得原先以机器为中心演变为现在以人为中心，使得人机交互从感知变成了认知，从理性变成了感性。

谷歌：致力构建完整的人工智能生态

放眼全世界，作为全球最大搜索巨头的谷歌，在人工智能领域可谓走得相当远。谷歌最先开发出的能打败人类围棋高手的人工智能机器阿尔法狗人们并不陌生，其实，谷歌在人工智能领域的布局不仅限于此，从谷歌布局人工智能的总体情况来看，主要两条途径：

第一条：对用户使用场景进行覆盖，将基于互联网、移动互联网开发出来的传统业务进行延伸，覆盖智能家居、机器人、自动驾驶等领域，实现数据信息的积累。

第二条：汇聚低级的人工智能技术，大力开发高级的深度学习算法，强化图形识别功能和语音识别功能，对各种信息进行深加工。现阶段，谷歌正在努力把人工智能引入各产品，以此为用户带来更加场景化、智能化的服务体验。

多年来，谷歌一直都在致力于在这两个途径的基础上构建一个完整的AI生态，如下图所示。

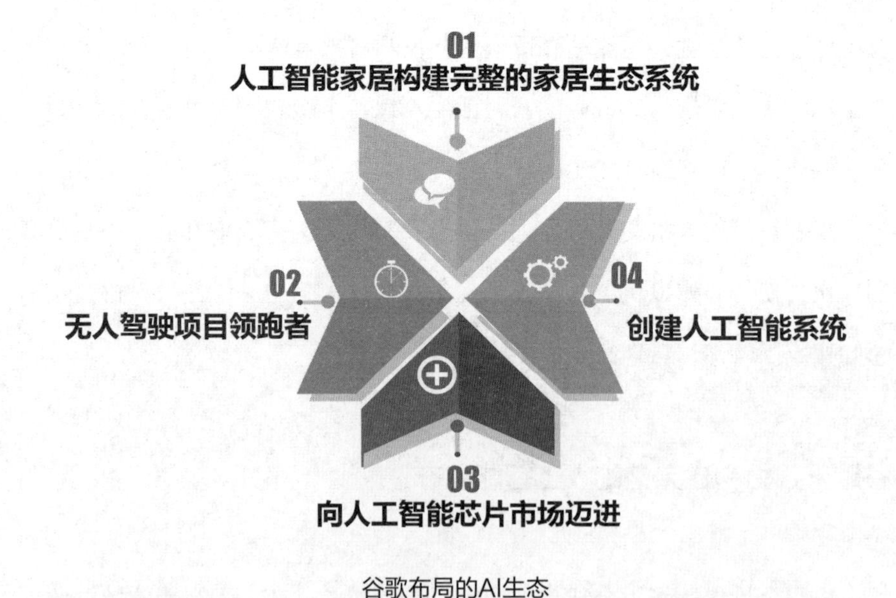

谷歌布局的AI生态

1.人工智能家居构建完整的家居生态系统

随着科技的不断发展，智能家居成为当前家居中的新宠儿，越来越多的人开始青睐于智能家居。谷歌借助人工智能技术，通过AI+软件+硬件，在家居领域进行科技创新，构建完整的家居生态系统。

Google Home是谷歌的一款明星硬件，可谓是谷歌引领家庭人工智能助手的大作，使得谷歌在人工智能多年来的积累最终能以产品的形式落地。Google Home之所以能够有强大的功能，除了其语音助手Google Assistant所携带的强大语音交互功能之外，还融合了Nest智能家居产品，为谷歌入局智能家居行业提供了助推力。

Goole　Home

2.无人驾驶项目领跑者

汽车智能化是汽车发展的一大趋势，无人驾驶汽车的出现是建立在众多技术的基础上得以实现的。人工智能时代，无人驾驶汽车的发展更是趋于成熟，谷歌作为无人驾驶项目的领跑者，推动了无人驾驶汽车项目的商业进程。2009年，谷歌率先开始了无人驾驶汽车项目的研发工作；2011

年，谷歌收购了510 Systems、Anthony's Robots等公司，共同致力于无人驾驶汽车的研究。在几年之后，随着技术成果的不断积累，谷歌在2014年正式发布了全球首辆自动驾驶原型车——豆荚车，并宣布在之后的2020年正式上市。

2016年，谷歌母公司Alphabet宣布旗下的一个子公司Waymo正式成立，其主要任务是无人驾驶项目的开发工作。Waymo在之前谷歌无人驾驶汽车项目所取得成果的基础上继续发展，以确保提供的无人驾驶系统能够在日常生活中真正应用，让越来越多的民众能够感受到谷歌无人驾驶技术所带来的畅行体验。

在无人驾驶汽车领域，谷歌Waymo从2017年开始与美国汽车行业的其他公司联手合作，逐步扩大应用场景。Waymo也与众多汽车租赁公司、汽车经销商进行了合作，以扩大无人驾驶汽车项目的业务，向租赁服务和提供维护服务等方面迈进。2018年2月18日，Waymo拿到了美国首个商业自动驾驶打车服务执照。这就意味着谷歌距离其实现“计划在2018年商业化无人驾驶出租车业务”的战略目标已经不再遥远。

★人工智能问题思考★

无人车真的可以实现“无人”吗？

无人驾驶汽车其实按照其技术的深浅程度可以分为几个等级：L1、L2、L3为辅助驾驶；L4、L5为全无人驾驶。当前有很多企业在研究无人驾驶汽车领域还处于前三阶段，要想实现L4、L5的全无人驾驶，就目前而言还需要攻克很多技术难题。

谷歌的无人驾驶汽车跑在了行业的前沿，经测试谷歌的无人驾驶汽车已经达到了L4的级别，可以持续自主行驶8000多公里，此外还可以在车流中平稳行驶。

3.向人工智能芯片市场迈进

谷歌一直以来都有“最为成功的互联网公司”的美誉，但在全球企业纷纷逐鹿人工智能领域的时候，谷歌也不得不做出改变，暂停了在服务器上无限扩张的脚步，转而将目光投向了机器学习专用处理器TPU芯片的发研发。

2016年5月，谷歌正式推出了TPU芯片，该芯片是为机器学习而专门研发的，能够有效提升计算精度，延长使用寿命，通常应用于一些精密度要求较高、功率较大的机器学习模型当中。基于该模型，用户能得到的结果比CPU、GPU更加精准。

4.创建人工智能系统

1）AutoML系统

2017年5月，谷歌打造出了一个能够自行创建子人工智能系统的AutoML人工智能系统。该子系统充当神经网络控制器，为特定任务开发一个子人工智能网络AI NASNet，其任务是在视讯影像中实时辨识人、车、交通标志，手提包、背包等物件。

经检测，NASNet在验证集上的影像时，准确率达到了82.7%，比之前的系统精准性提高了1.2%，系统的效率也提升了4%，平均精度均值为43.1%。

目前，高度精确、高效的计算机视觉算法由于其具备大量的潜在应用价值受到极大的追捧。像NASNet这样的强效计算机视觉算法可以用来创建由人工智能驱动的先进机器人，或者协助视力受损的人恢复视力，而且还可以协助设计人员改进无人驾驶汽车的技术，让无人驾驶的车辆能够更加快速地辨识道路上的物体，从而更加快速地做出反应，进一步提升无人驾驶的安全性。

2）DeepMind系统

2015年，谷歌位于伦敦的研发部门DeepMind已经开发出能够自主玩视频游戏的人工智能机器学习算法。该算法是以DeepMind技术为基础的计算机系统，能以惊人的速度学习快速掌握游戏玩法，精通游戏获胜方法。目前DeepMind系统在相同算法、网络架构以及参数的设定下经过49个游戏的测试之后，已经能够熟练22种游戏，这样的水平已经能够达到专业级玩家所具备的水平。

这套系统进一步证明人工智能可以通过深度学习，从而掌握游戏技巧，并获得和人类一样的操控力，甚至在某些方面超过人类。

未来，DeepMind系统还将在医疗领域、无人驾驶领域广泛应用，进而对人工智能的商业化进程起到巨大的推动作用。

IBM：围绕沃森系统和类脑芯片构建AI商业战略

IBM作为全球IT产业唯一的一家百年企业，在人工智能领域布局围绕Watson系统和类脑芯片展开，试图打造人工智能生态系统，构建人工智能商业战略。

IBM的“商业人工智能”战略是2017年正式提出来的。与为生活中某项便利性、娱乐性需求服务的“通用人工智能”有所不同，IBM的“商业人工智能”战略是为解决商业问题而生，致力于增强人类智能，以获得全新的商业价值。

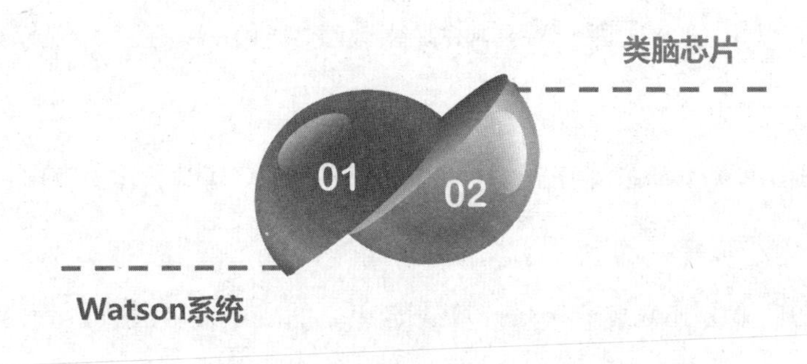

IBM的AI战略

1.Watson系统

Watson是在2011年启动的为商业而生的人工智能平台。Watson本身代表的就是一种名为“认知计算”的计算模式，包括理解、推理和学习三个方面：

■理解：是指能够理解数据，例如理解人的自然语言、图片的内容等。

以语音识别为例，如果一个句子中出现“苹果”两个字，可能指苹果公司或者它的产品，也可能是指一种水果。究竟这是什么含义，需要理解数据才能进行判断。如果不能实现数据理解，则之后的数据分析也将无从谈起。

■推理：是发现非结构化数据之间的逻辑关系，通过假设生成，能够透过数据揭示事物之间的相关联系。

■学习：学习是认知计算能够不断提升的保障，这里是指Watson从大数据中提取相关关键信息，以此为基础进行学习，并在交互中通过经验学习来获取反馈，优化模型，不断进步。

基于以上三个方面，Watson就能改变商业解决方式，并以此提升效率。

IBM借助Watson系统在人工智能上的布局主要有以下几个方面：

1）认知商业

认知商业是IBM基于认知计算战略建立的一个商业模式。而IBM深耕行业认知依靠的就是Watson平台。Watson通过提供API使企业接入Watson平台获取认知计算服务。Watson的每个API可以实现一个特定的功能，通过不同的API组合，就可以实现多种认知计算的需求。当前Watson的API接近50个，主要包括潜在语义分析、情感分析、关系抽取、深度学习、知识提取注解、递归神经网络、回答经验等。目前Watson平台主要的行业包括金融、制造、医药、零售、媒体等，在API的基础上，通过整合行业知识库，就可以针对这些行业提供特定的认知计算服务，实现人工智能的商业化。

2）医疗诊断

Watson实现商业化的另一个途径就是医疗诊断。癌症专家在Watson上输入了纪念斯隆·凯特琳癌症中心的大量病例研究信息进行训练，在经过近500份医学期刊和教科书、1500万页的医学文献训练之后，把Watson训练成为了一位杰出的“肿瘤医学专家”。随后该系统被众多医疗机构应用，其产生的的商业价值为IBM带来了巨大的发展红利。

2017年12月26日，IBM Watson与浙江省中医院、思创医惠、杭州认知共同合作，成立了Watson联合会诊中心，展开长期合作。这是自IBM Watson引入中国以来首家正式宣布对外提供医疗服务的联合会诊中心。

在进行工作的过程中，Watson机器人作为资深人类主人医生的机器人助手，可以为肺癌、乳腺癌、直肠癌、结肠癌、宫颈癌、胃癌六种癌症提供咨询服务，并给出相应的治疗方案。当Watson给一位胃癌局部晚期患者进行诊断，患者提交了自己的各种检查单，由医生把这些检查单中的病理数据"读"给Watson"听"，包括患者的性别、年龄、治疗史、分期特征、危重病情况等，Watson在"思考"了不到10秒钟的时间就能在电脑屏幕上给出了一种详细的西医诊疗方案。

让人想不到的是，这短暂的10秒里，Watson已经"跑了趟"美国，并在庞大的数据库中翻阅了超过300份全球最权威的医学杂志、200多种教科书，以及1500多万页的数据信息资料，并把这些英文诊疗方案全部翻译为中文。

2.类脑芯片

美国空军研究实验室与IBM共同研发的人工智能超级计算机引起了全球的广泛关注，这一模拟人脑神经网络设计的64位芯片系统，其数据处理能力相当于包含了6400万个神经细胞和160亿个神经突触的类脑功能，其机器学习能力超过了目前任何其他硬件模型。

该类脑芯片系统成为"True North（真北）"系统。"True North"系统与传统的芯片相比，最大的区别在于传统计算机的处理器往往需要时钟来充当"人体心脏"功能。但"True North"系统则根本不需要这样的时钟，其各个交错的神经网络平行操作，如果一个芯片受损不能正常工作，在阵列中的其他芯片则不会受到任何干扰，依旧能够正常工作。

如果把传统计算机比作是人类的左脑，那么“True North”系统就相当于人类的右脑，它能够感知和识别图形。“True North”系统的设计使研究人员既可以在多个数据集上运行单个神经网络，也可以在单个数据集上运行多个神经网络，高效地将多个数据集上的图片、视频和文本等信息转化为计算机能够识别的代码。

美国空军研究实验室正在研究该系统在可穿戴、移动和自动化等设备中的应用潜力，进一步提高其图片识别等问题处理的效率。未来，“True North”系统可以在卫星、高空飞机、小型无人机等领域实现商业化。

第三章

产业爆发：传统行业搭上人工智能的春风

人工智能犹如一道阳光，给经济、社会和人们的生活注入了新的活力。尤其是传统行业，更是搭载人工智能的春风，向人工智能领域挺进，迎来了新一轮的产业爆发期。

制造行业：开启智能制造新时代

在全球信息化大潮方兴未艾的时候，智能化战略呼啸而来。近几年，工业4.0已经成为全球产业发展最为关注的热点，工业4.0被誉为以智能制造为主导的第四次工业革命。

当前，传统制造业正在发生一场史无前例的巨大变革，工业4.0将成为下一个工业制造的新阶段。在工业4.0时代，自动化流水线生产制造模式向万物互联的智能化生产制造模式转型，人工智能则成为重要的突破口。

工业4.0时代基于人工智能应用的智能化制造，与之前工业1.0的机械化、工业2.0的自动化、工业3.0的电子信息化有所不同：

首先，人工智能能够实现智能预测生产，因此在实现绿色制造、减少能耗的同时，还提升了资源的利用率，降低了生产成本，提升了生产效率。

其次，人工智能能够实现柔性制造、多批次的定制化制造，这种全新的工业制造时代的出现实现了需求变化的快速响应、个性化需求，促进了制造向服务的延伸。

最后，人工智能应用于制造业，使得制造业随着云计算、物联网、大数据、人工智能、虚拟现实技术、3D打印技术的大融合实现了自动化、数字化生产制造逐渐走向了网络化、智能化的发展道路。

可以说智能机器人在制造业中的应用，使得生产制造实现了从机械到智慧的飞跃。因此，人工智能融入制造业，开启了智能制造新时代。

引发制造业产业重构

正当谷歌机器人阿尔法狗战胜世界第一的围棋九段高手，使得人工智能在全球引起话题热议的时候，全球各产业领域也浩浩荡荡地开启了新一波人工智能研发和应用浪潮。制造业与人工智能的融合，迎来了一场制造业产业重构革命。

那么人工智能是如何对制造业实现重构的呢？

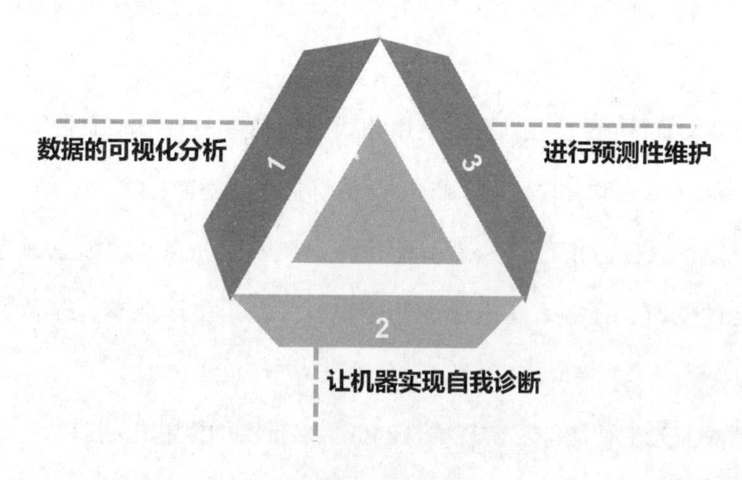

人工智能对制造业的重构

1.数据的可视化分析

在制造业中，智能设备是通过先进制造技术、信息技术和人工智能技术集成和深度融合。人工智能的应用，一方面能够收集设备运行的各项数据，如温度、转速、能耗情况、生产力状况等，实现了制造设备的感知、分析、推理、决策、控制等一系列功能，使得制造设备具有智能化特点；另一方面可以存储数据进行二次分析，对生产线进行节能优化，提前检测出设备运行是否有异常，同时能够提供降低能耗的措施。

因此，人工智能使得生产设备在生产过程中可以实现生产制造的自动化、智能化、精密化、绿色化等，使得整个生产技术水平有了很大的提升，同时可以在保证质量的前提下降低成本、节省能耗、提高生产效率。人工智能融入工业制造领域，可以形成智能生产线、智能车间、智能工厂。

阿丘科技推出了面向工业在线质量检测的机器视觉自动化设备AQ-Insight，主要是对产品的表面缺陷进行检测。AQ-Insight可以代替人工不知疲倦地进行重复性的工作，且在一些不适合于人工作业的危险工作环境或人工视觉难以满足要求的场合，机器视觉可替代人工视觉。

与传统的机器视觉检测相比，AQ-Insight能处理一些更为复杂的场景，例如非标物体的识别等，解决传统机器视觉定制化严重的问题。基于AQ-Insight的应用，可以对制造业生产的产品进行严格把关和筛选，有提升市场中产品的质量水平，给广大民众带来良好的使用体验，同时也提升了制造业的企业形象。

2.让机器实现自我诊断

基于人工智能，如果生产过程中某一条生产线突然发生故障，智能系统会自动感知并发出故障警报，同时智能机器还可以进行自我诊断，如找到哪里出了问题，出现故障的原因是什么，同时还能够根据历史维护的记录或者维护标准进行自我学习，实现机器自己解决问题、自我恢复。

3.进行预测性维护

在生产制造过程中，我们并不希望发生任何故障，因此借助人工智能技术可以对生产线、生产设备等各个环节进行预测性维护。要知道，工业生产线或生产设备一旦出现故障，将会给整个制造链带来巨大的经济损失，所以通过人工智能技术可以让机器在出现问题之前就能感知到和分析出故障出现的问题所在。

比如当工厂中的一个数控机床在运行一段时间之后，刀具就会变钝，需要更换新的刀具，传统情况下往往是坏了之后才会由机器维护人员进行更换，但这样往往影响了整个生产线的产量。而人工智能技术引入之后，系统会根据历史运营数据进行分析、判断，可以提前预测哪些配件会在什么时间损坏，这样就可以提前准备好更换的配件，并安排在最近的一次维护时更换。这样既不影响整个生产线的生产效率，还能够提前做好充分的准备，不至于因突发情况而手忙脚乱。

总之，人工智能技术在以上三个方面对制造业产业进行了巨大影响。虽然目前人工智能在工业制造领域的应用才刚刚开始，但未来还有不少潜在应用值得我们去深入探索和发掘。

打造工业制造新模式

当前，人工智能在工业制造领域的应用频率越来越高，性能也获得不断提升，尤其是工业机器人的应用，使得工业制造已经不再限于传统的汽车制造等粗放生产，开始涉及到电子等精密制造领域，从根本上开拓了工业制造新模式。

在日本忍野村的一家产业用机器人新工厂Fanuc里，工业机器人正在生产机器人，然而在这个工厂里，每个生产车间只有4名员工负责监工。

作为全球知名的相机生产商的佳能，早在2013年就开始将旗下多家工厂中的人工劳动力淘汰掉了，而改用机器人完成生产任务。

这些知名生产商之所以大幅降低人工劳动而提升机器人在生产过程中的使用率，目的就是为了使得制造活动和物料流程完全实现自动化处理。

可以说，人工智能作为新一波智能化浪潮融入工业制造领域，使得人类可以从简单重复或者危险的工作环境中解放出来；通过排除错误提升产品品质量；通过用成本更低的机器替代成本越来越高的人工，有效削减了生产制造过程中产生的成本，这些是以往任何时代都无法给予工业制造的最大优势。

这里我们以机器人为例，进行更加形象地阐释。由于当前机器人的发展越来越具优势，因此使得其在工业制造领域的应用更加趋于普及化，并为工业制造领域带来更多的价值，其优势主要体现在以下几个方面：

■机器人价格降低

随着机器人生产以及相关科学技术的日益普及，机器人的成本逐渐下降，与过去30年前相比，其平均价格降低了近一半。制造业每月需要支付劳动力薪金，而机器人则可以用一次成本换来持续的生产价值。因此相对于劳动力成本而言，它的成本优势巨大。

■易于整合

机器人在计算性能、软件开发技术和网络化技术方面所取得的巨大进步，使得装配、安装和维护机器人的速度有了大幅提升，更加易于整体。

■新能力

机器人变得越来越智能。与早期机械式的生产设备相比，机器人凭借其强大的视觉系统，在生产过程中更加具有“智慧”和灵活性，能够检测零部件和材料，并能对不同传感器所产生的信息进行有效整合，还能实时调整、移动自己的工作位置。

基于像机器人这样的人工智能加入到工业制造过程中，使得传统的工业制造呈现出以往任何时候都无法比拟的制造新模式。

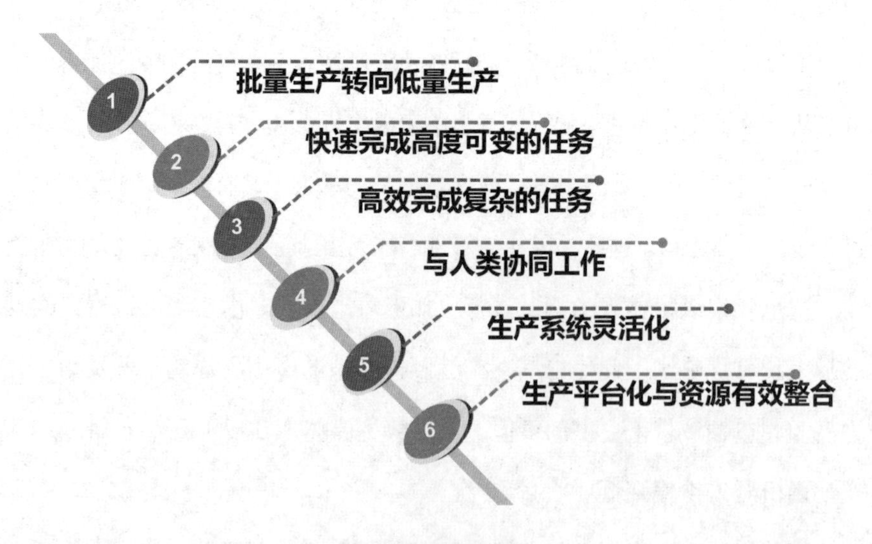

工业制造的新模式

1.批量生产转向低量生产

机器人可以实现生产制造的自动化、智能化，所以不但可以实现规模化，降低生产成本，还可以在当前消费者追求个性化需求的时代，为消费者提供个性化产品的定制。这样，使得原来批量生产可能出现的滞销情况就能得到有效“根治”，同时生产的产品更加趋向经济型的细分领域。这将成为小批量生产和产品组合差异性很大的公司的最佳选择。

2.快速完成高度可变的任务

传统的人工生产往往因为各种因素的限制，对于高度可变的任务很难胜任。而人工智能和传感器技术的发展下，机器人能够快速适应任务间更大的多变性。机器人能够在不同的生产环境中对自我行动进行调整，这就为生产制造的自动化、智能化的实现提供了机会。

3.高效完成复杂的任务

首先，如今基于人工智能的机器人在控制自我移动和装配方面的能力已经达到了前所未有的境界，分别能够精确到0.1毫米和0.02毫米。未来，机器人在生产制造过程中的精准度将会有更大的提升。具备这种能力之后，机器人能够参与更加精细的生产任务，如穿针引线或装配高度复杂的电子设备等工作更是不在话下。

其次，机器人的协同性有了大幅提升，使得当前的控制器能够同时驱动数十个轴线，让多台机器人同时共同完成一项生产任务。

最后，先进的传感器技术以及对强大的数据计算能力，使得机器人能承担传统制造业中需要借助高技能技工的力量才能完成的任务，如切割宝石、紧密手表的装配等能够轻而易举地完成。

4.与人类协同工作

有了机器人，在生产过程中，企业可以有更多的选择余地——哪些任务交给机器人完成，哪些任务可以人工手动进行。先进的安全系统使得机器人能够在人类同事旁边承担起新的岗位责任，如果传感器显示操作员在工作的过程中存在发生碰撞、剐蹭的风险，此时机器人便承担起人工操作的工作任务，这样就能够有效避免工作人员被碰撞、剐蹭的情况出现。

5.生产系统灵活化

人工智能的出现使得生产制造系统变得越来越具有灵活性、智能性，能够自动调整它们的行为来实现产能的最大化或成本的最小化。

目前，生产制造领域所使用的机器人绝大多数仍然能够在高速的大量生产应用中运作，而先进的系统则能够在工作状态中进行自我调整，并且还能在不同的生产类型中进行无缝切换，无须停下来更改程序或者重新配置作业工具。

例如，许多现有的新型生产技术，无论是计算机数控切割还是3D打印，都不需要变换工具就能调整零部件的结构进行操作，只需要借助来自无线射频识别（RFID）标签的实时通信功能，就可以迎合不同型号产品的需求，生产不同批量大小的产品。

这种灵活的、无缝切换的生产系统，在生产制造过程中具备很多优势：缩短投产准备时间，让供给和需求之间的联系更加紧密，加速新产品的推出，简化高度定制化产品的制造流程。

6.生产平台化与资源有效整合

对于任何一个企业来讲，实现资本投资回报的最大化和减少新产品的生产时间，这样才能保证利益的最大化。传统的单条生产线进行生产是与这个目标背道而驰的，在设备的采购、调试等方面需要付出昂贵的成本。

基于人工智能的机器人应用于生产制造过程中后，实现了万物互联互通，使得生产流程平台化、标准化、简单化。另外，得益于现代工业网络化技术，还能对工厂车间内的机器通讯进行整合，这种整合也进一步延伸到生产制造上的其他运作方面。与计算机辅助设计、计算机集成工程和企业资源规划系统的直接整合，会使得新制造配置的设计和部署更科学，让系统内能够更加快速响应消费者者对产品需求的变化。

总而言之，人工智能在工业制造领域的应用，开启了智能制造新时代，使得生产制造与以往大不相同，趋向于更便宜、更智能、更具适应性的生产制造模式。人工智能给生产制造商和社会带来更多价值的同时，更符合未来的商业需求。

金融行业：智慧金融成为金融业主战场

随着社会科学技术的不断发展，人工智能在各领域中得到了广泛应用。尤其是金融行业，人工智能的涉足，使得之前的“互联网+金融”的运营模式已经发展成为一种“互联网+金融+人工智能+大数据”的全新智能化运营模式。被人工智能优化了的金融行业，正展现出焕然一新的面貌以及发展模式，智慧金融成为金融业全新的主战场。

助金融业迎来巨大革新

2018年1月，金融科技公司零壹财经发表的《2017全球金融科技发展指数与投融资年报》中的数据显示：2017年金融科技领域发生了649起融资时间，同比增加了8%；设计资金总额约1397亿元，同比增加19%。

另外，据相关数据显示：2017年智能投顾管理的资产超过了288亿美元，其年增长率高达87.3%，预计到2022年，智能投顾的资产总额将超过6600亿美元。

从以上数据中，我们不难发现，单从金融科技领域的发展来看，其势头十分迅猛。而智能投顾的投资总额不断增长，意味着人工智能技术的快速发展已经成为了金融科技的“神助攻”，使得智能投顾的发展呈现出一片大好前景。

的确，在金融行业中，每一次科技的创新都会给行业带来大洗牌。如今，人工智能技术逐渐在金融行业中融合，形成智能金融。在大数据、云计算发展的基础上，一个庞大的云数据系统正在逐渐形成，在智能云计算的基础上，金融行业在发展的过程中能够获得更加精准和全面的数据，并且这些云计算的数据可以帮助金融业开发各种金融产品。尤其进入2018年，金融领域作为一个唯一的纯数字领域，将成为人工智能落地的先锋阵地。

人工智能技术的应用对传统金融和互联网金融带来巨大的革新，主要体现在以下几个方面。

1.金融业服务模式更加生动化

金融业本质上属于服务行业，从事的业务是基于人与服务价值的交换，人是其中的核心因素。在互联网技术大范围普及之前，金融机构的客户业务往来需要大量的人力、物力等资源进行维护，以获取金融业务价值。

如银行与客户之间发生业务关系主要是在网点实现的，客户与网点人员通过相互交流，甚至通过观察客户的细节，可以挖掘其潜在需求。通过一段时间的相互交流之后，客户与银行工作人员之间建立起了一种深厚信任关系，也因此使得客户更具黏性。一旦这种黏性存在，客户购买理财产品时，不会去比较多个银行的收益水平，而是直接购买银行人员所推荐的理财产品。

互联网的出现，促进了金融机构的全面发展，尤其是网银、App的出现在很大程度上降低了银行服务客户的成本。而网银、App的客户端网页都是一种标准化模板，这样客户要想更加流畅地使用，首先就需要学习如何使用，在这样的业务环境下，客户与金融机构的交流是单向的，其服务成本转嫁给了客户，增添了麻烦的同时，也让金融机构失去了更多创造金融价值的机会。当然，在客户交出“学费”的同时，也提升了他们对金融专业认知的能力，他们会主动去比较哪家金融机构的服务更加优质、价格更加低廉，这样对于金融机构而言，很难牢牢圈住客户。

人工智能时代的到来，使得机器具备了人类智慧的能力，实现批量个性化和人性化的服务，更重要的是能够实现与客户沟通、挖掘客户需求的智能化。这就对金融产品、服务渠道、服务方式、风险管理、金融交易、投资决策等带来新一轮变革。人工智能技术在金融领域中加以应用，使得前端可以为客户提供服务，在中台支持授信、各类金融交易和金融分析的决策，在后台可以用于风险防控和监督，这样大幅改变金融行业现有的格局，使得各项金融服务，如保险、理财、借贷、投资等都变得更具有个性化和智能化。

2.金融大数据处理能力显著提升

金融业与各个行业之间都存在着业务交织，因此沉淀了海量有用的、无用的数据信息，这些数据中涵盖了金融交易、客户信息、市场分析、风险控制、投资顾问等，而且这些数据都是以非结构化的形式存在的。尤其是那些无用的数据，不仅占据了大量的存储资源，而且无法转换成有价值的数据以供分析。人工智能具备深度学习系统，能够有足够多的数据供其学习，并不断完善甚至能超过人类知识回答的能力，这样在风险管控的复杂数据面前，人工智能可以将其处理得更加安全，而且大幅降低了以往人力风控的成本。

因此，人工智能技术应用与金融领域结合，使得金融业务能力实现了质的飞跃，为金融业的发展注入了新血液、新活力。

重构金融应用场景

基于计算机视觉、机器学习、自然语言处理、机器人技术、语音识别等人工智能融入金融领域，使得金融业成为人工智能应用的最好行业，也为金融行业的商业应用带来了最好的契机。人工智能在金融领域的应用重构了金融应用场景，可以有效提升业务效率，同时有效降低业务成本，迅速实现商业价值。

那么，具体的人工智能重构金融应用场景体现在哪些方面呢？以下以银行为例介绍。

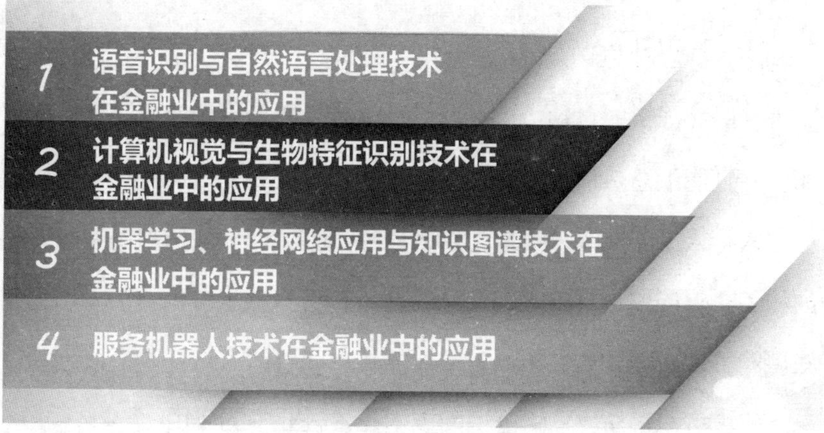

1 语音识别与自然语言处理技术在金融业中的应用

2 计算机视觉与生物特征识别技术在金融业中的应用

3 机器学习、神经网络应用与知识图谱技术在金融业中的应用

4 服务机器人技术在金融业中的应用

人工智能对金融场景的重构

1.语音识别与自然语言处理技术在金融业中的应用

语音识别与自然语言处理在金融领域中的应用场景主要有：

1）智能客服

整合多项客服渠道，包括电话、网络在线、微信等打造智能客服，通过语义理解掌握客户需求，自动推送客户特征、知识库等内容，实现语音分析、客服助理等商业智能应用。在电话方面，为坐席提供一种辅助手段，帮助坐席快速解决客户问题；在网络在线方面，用户使用自然语音与系统交互，可以实现菜单扁平化，有效提升用户满意度，减轻人工服务的压力，有效降低了运营成本；在微信方面，借助微信公众号平台，推出语音问答系统，打造个人金融助理服务。

光大银行在银行业务中已经开始全面融入人工智能技术，并且其最早应用人工智能技术的方向是智能客服。在引入智能客服之后，光大银行三年内虽然没有增加客服人员，但每年呼入的话务量增加了10%。

2）语音数据挖掘

语音语义分析能自动给出重点信息、联想数据集合的关联性、检索关键词，并且能汇总热词、发现最新的市场机遇和客户关注热点。在这些基础上，银行人工智能系统可以根据客服与客户之间的通话内容，对业务咨询的相关热点问题进行梳理和统计，然后再由机器进行自动学习，梳理生成知识问答库，作为后续机器自动回复客户问题的重点参考依据。

2.计算机视觉与生物特征识别技术在金融业中的应用

计算机视觉与生物特征识别技术在金融业中的应用场景主要有：

1）人像监控预警

通过银行网点和ATM机所安装的摄像头增加人像识别功能，对客户身份进行有效识别。同时，还能通过识别人脸上是否有面罩、手中是否持有可疑物品、行为动作是否可疑等，提前识别可疑人员。

2）员工违规行为监控

利用网点柜台内部的装有的摄像头，运用图形视频处理技术对员工的行为进行实时监督和跟踪，识别其行为是否合规、安全。如发现不合规行为，系统会自动提醒员工进行注意。

3）核心区域安全监控

在银行内部的核心区域，包括保险柜、金库、集中运营中心等重要场所增加人像识别摄像头，通过对进出人员进行人脸识别，对进出的人员进行人像登记，对银行内部进行有效的安全管理，防止陌生人尾随进出相关区域，不给其留下非法入侵和产生非法行为的机会。

3.机器学习、神经网络应用与知识图谱技术在金融业中的应用

机器学习、神经网络应用与知识图谱技术在金融业中的应用场景如下：

1）金融预测与反欺诈

借助人工智能系统大规模采集机器学习，导入海量金融交易数据，从金融数据中自动分析客户的信用卡数据，有效识别欺诈交易，并提前预测交易变化的趋势，提前做出相应的对策。

2）智能投顾

智能投顾运用人工智能技术，借助多层神经网络技术，对重要的经济数据指标进行实时收集，并在这些数据指标的基础上不断进行学习，之后再根据客户风险的偏好和理财目标，借助人工智能算法和互联网技术为不

同客户提供资产管理和在线投资建议服务，从而实现投顾方案服务的大批量定制化。

4.服务机器人技术在金融业中的应用

机房巡检和网点智慧机器人：

在银行的机房、服务器等核心区域可以投放智慧巡检机器人，替代或者协助人工进行监控，及时发现和处理潜在的风险。此外，这些智慧巡检机器人还被赋予了人类的形象和相应的动作、情感，可以为用户答疑解惑，甚至办理相关业务，这样，服务机器人在银行中的应用，可以为客户提供更多的新鲜感和创新服务体验，同时为银行工作人员减少重复性工作次数，使得银行向人工智能领域转型更具必然性。

民生银行北京西长安街支行的厅堂里有一名憨态可掬的员工“小胖”。“小胖”是民生银行推出的厅堂智能机器人，目前在银行中主要的职责是辅助大堂经理开展客户接待、引导分流、业务咨询、营销宣传、互动交流等工作。“小胖”的出现有效提升了民生银行厅堂服务的良好形象，开创了营业网点服务新模式，成为了银行服务中的一大亮点，深受广大客户的青睐。

总之，现阶段人工智能在金融领域的多个应用场景为银行客户提供了切切实实的服务，给金融机构客户带来更具潮流和智能化的服务体验，同时还能有效提升金融机构内部管理效率，减少金融欺诈风险。相信未来人工智能在金融领域的应用会体现出更多潜在的商业价值。

医疗行业：人工智能助推人类医疗进步

大数据的迅速发展，使得医疗领域也逐渐走向人工智能技术的应用阶段，随之而来智慧医疗的兴起，使得人工智能成为医生的左膀右臂，为医疗事业的发展带来了更加美好的契机。

智能影像识别：提高诊断准确率

根据中国医学会提供的一份数据报告显示：中国临床医疗总误诊率为27.8%，其中恶性肿瘤的平均误诊了为40%，器官异位误诊率达到了60%，如鼻咽癌、白血病、胰腺癌等，肝结核、胃结核等疾病的误诊率也超过了40%。这些误诊主要发生在基层医疗机构。

医学本身是一门靠经验学习、归纳逻辑、寻证运用的学科，对于严谨性要求很高，误诊、漏诊必将给患者的生命安全带来隐患。这也是传统医学发展最大的瓶颈之一。人工智能技术的出现，可以降低误诊概率，使医疗行业的发展能够加速驶入快车道。然而，在医疗领域，智能影像识别是人工智能快速落地的一个重要应用层面。

据《医疗影像的市场图谱和行业发展分析》，到2020年，我国医学影像市场规模将达到6000亿至8000亿元左右。

从这一组数据中，我们不难看出，医学影像市场规模大到超乎我们的想象，因此通过人工智能的方式辅助影像科医师进行诊断将是顺应市场发展需求的。人工智能在图像识别领域的持续发展为医学影像诊断的进一步发展带来巨大前景。

由于医学影像所容纳的数据信息是非常丰富的，即便是那些“久经战场”的医生也难免会在解读时不慎漏掉一些信息。因此，在医院放射部门工作的医生，通常需要在经过长期专业培训之后，积累了足够经验之后才能正式上岗。与人相比，人工智能更具优势，不但可以缩短检测时间，还可以提高影像图片解读的精准性，在整体上提升医学领域的诊断准确率。

另外，在以往，影像科医生往往会每天重复做同一项工作，这样容易让医生感到乏味、疲劳，甚至因情绪不佳而影响诊断效率。然而人工智能新技术影像平台的应用则可以作为医生的助手，辅助医生完成这些乏味的重复性工作，调动医生工作的积极性，从而促进影像诊断整体水平的更快提升。

例如，一位医院影像科的医生一天要看200多个病人，每个病人有几百张影像片子，这对于一个正常人而言，看多了就会产生视觉疲劳，由于读影像片子是个精细活，如果状态不佳就容易引发漏诊、误诊的现象。人工智能在医学影像中的应用，可以有效改善这个问题。

那么具体来讲，智能影像识别在医疗领域中的应用有哪些呢？

如下图所示：

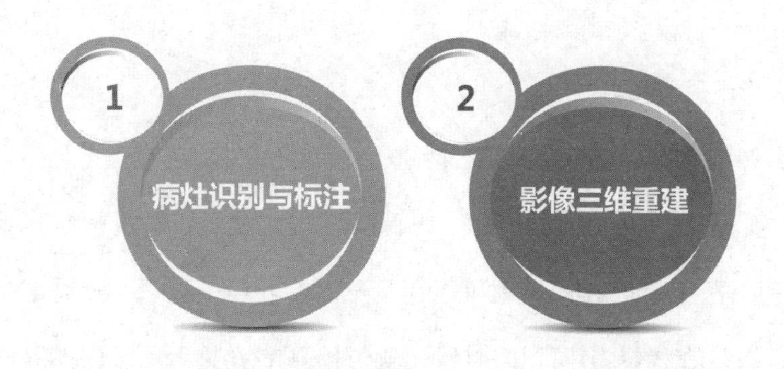

智能影像识别

1.病灶识别与标注

人工智能在医学影像的诊断环节中，第一个重要的阶段就是进行病灶识别与标注。即利用图像识别技术对患者通过X射线、CT、核磁共振等获得医学影像进行识别，对病灶的关键信息进行标注，再经过图像分割、特征提取、定量分析、对比分析等工序之后，给出初步诊断结果，在很大程度上帮助影像医生提升诊断效率，同时可以帮助医生及时发现难以用肉眼发现和判断的早期病灶，降低误诊概率。目前，人工智能医学影像诊断系统能够对10万张以上的影像同时进行处理，这样庞大的工程仅在数秒钟就能完成。

当前，部分人工智能系统在医疗领域应用所能够达到的诊疗准确度和判断速度都已经超过了医生。贝斯以色列女执事医学中心与哈佛医学院合作研发的人工智能系统，能够对乳腺癌病理影像图片进行精准识别，其精准度达到了92%。当该系统协助病理学家工作时，其诊断的准确率可以达到99.5%。这样惊人的准确率，是以往单凭医生的能力所无法达到的。

2.影像三维重建

影像三维重建是指在人工智能进行识别的基础上进行三维重建，该应用主要是针对手术环节的应用。影像三维重建能够自动重构器官真实的3D模型，医生带上3D眼镜就可以在全三维的环境中观察和分析这些三维数据，医生在操纵3D模型的时候，就仿佛真的置身于现实世界中一样。影像三维重建可以说是一种非常直观的、无障碍的人机交互，可以帮助医生更好地完成手术任务。

总而言之，随着人工智能在医学影像领域的不断渗透，相信未来医学领域的医疗水平将会大幅提升。

智能辅助治疗：医生治疗的左膀右臂

人工智能除了能够帮助医生进行准确诊断，还能辅助医生给患者进行治疗，成为医生的左膀右臂。医疗机器人就是医生在给病患治疗过程中最得力的助手。

医疗机器人通常分为治疗方案机器人和手术机器人两种。

1.治疗方案机器人

前文中我们讲过Watson机器人，当一个患者去医院看病，Watson作为一个辅助机器人能够给患者进行诊断，同时还能在短短的几秒钟就给出了一种治疗方案。其实，像Watson这样的辅助机器人在医疗领域的应用已经有很多，它们能够“像人一样思考”，在最短的时间内给患者提供最佳的治疗方案，帮助治疗严重的疾病。

当前，孟买的一家初创企业已经通过整合机器学习和人类诊断专家的力量，打造出了一款名为Qure.ai的机器人，并让该机器人快速诊断病情，为患者提供个性化治疗方案。

该机器人主要依靠合作伙伴和公开医疗数据来训练其算法，通过机器学习超过150万张胸部X光片，使得其对胸部X射线解决方案已经能够接近人类的精确程度，而其量化解决方案也已经变得比人类更精确。当前，Qure.ai的解决方案已经在孟买的四家诊所中得到了应用。

2.手术机器人

人工智能应用于外科手术领域，恰好是对医生能力短板进行弥补，可以帮助外科医生提高手术的精准度，让手术风险降到最低。

最早的手术机器人实际上在20世纪八九十年代就已经出现了，早期最著名的手术机器人是由美国研发的“达芬奇”。“达芬奇”内置了一个内窥镜手术器械控制系统，事实上与其说起是一个“机器人”，不如准确地说它是一个“机器手”。“达芬奇”能够对医生不断扩展的手术种类进行有效协助，但它也存在一定的缺陷，那就是只适用于软组织手术，而对于硬组织手术则束手无策。

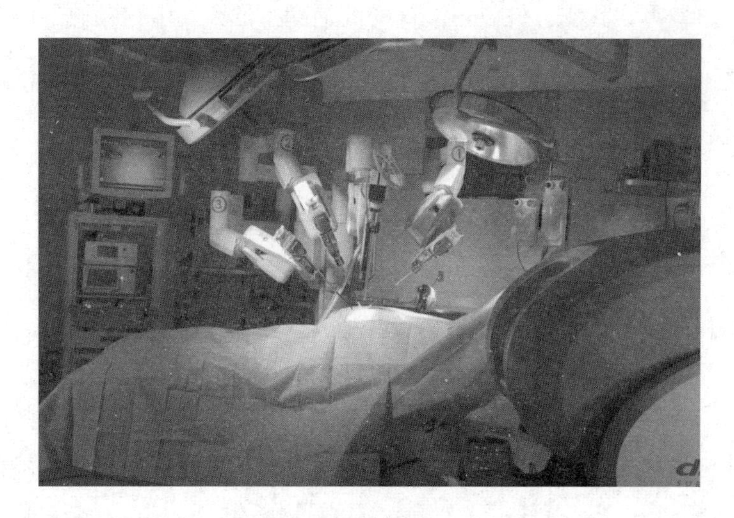

达芬奇手术机器人

进入2000年，国际上出现了一种可以进行硬组织手术的机器人“MAKO”，它可以用于关节置换以及腰椎局部进行主动定位固定手术。

我国在这方面的研究，取得技术性进步的是“天玑”手术机器人的诞生。“天玑”是国际上首台通用型骨科手术机器人，最大的特点就是其机械臂能够通过实时导航跟随医生的规划进行自主运动定位，其定位精度高，适用的手术范围包括长骨、脊柱、骨盆、腕骨等共13个部位。“天玑”在手术中的应用，大幅降低了手术风险，更带有创新性，受到医疗领域的青睐。

如果没有手术机器人，单凭外科医生的力量，很多高难度手术是无法完美完成的。比如强直性脊柱炎患者，其所有关节都粘连在一起，一旦中间某段出现断裂，就会对神经造成压迫，其后果是非常严重的。相信在未来，手术机器人在医疗领域的发展和应用有更大的进步，届时手术机器人能够借助大数据智慧，为患者提供个性化治疗决策，并最终能够达到自主完成手术的目标。

智能药物开发：加速药物开发进程

当前，在人工智能实现商业化应用的过程中，探索生命科技的“无人区”是当前人工智能医学的一大热点。尤其是药物研发领域，药企利用人工智能在一些领域的应用中加大投入，加速药物开发进程。

在传统的药物研发过程中往往存在很多痛点，包括：新药研发时间长，所需的平均时间为10年；研发费用高昂，平均费用达到了26亿美元；成功率往往低下，大约5000种化合物中才能有1种进入二期临床试验。另外，在小分子药物研究的过程中还会经常遇到来自大数据的挑战。由于每天大约有超过200万种化合物被公开发表，而且这些化合物携带了大量的数据信息，这样就产生了非常庞大的数据。与此同时，各种问题和缺陷也随之产生，包括体量大、增速快、非结构化等。如何将这些数据加以利用，也成为了一个难解的问题。

然而人工智能联合大数据在进行药物设计和研发的过程中，可以有效排除这些痛点，为药物研发和精准医疗带来更加美好的发展前景。具体来讲，人工智能在药物开发的过程中，具有以下优势。

人工智能在药物开发中的优势

1.预测新靶标

基于人工智能在药物基因组的应用，可以有效预测新药物的靶标。在传统的制药过程中，靶标大多数是体内的某种基因或某种蛋白酶，而基于人工智能的药品研发过程中，可以通过蛋白和蛋白之间的相互作用来发现药物靶标。

2.发现新活性化合物

在制药的过程中，需要从上百万个化合物中寻找一个对靶点能够产生作用的化合物，这个过程是需要事先进行预测的。传统的做法是经过大量实验进行筛选，之后再利用打分函数为每种化合物进行打分。这是一个工作量十分浩大的“工程”，需要耗费大量的时间才能完成。

然而人工智能应用其中后，可以通过神经网络打分函数来预测小分子和蛋白的结合能力，可以将繁琐的工作简单化，节省了大量药品研发的时间，提早为更多的患者带来了福音。

★人工智能问题思考★

人工智能最终会成为制药研发的未来吗?

人工智能应用于药物研发的过程中，看起来具有非常美好的前景，为此，很多人会产疑问：“人工智能最终会成为制药研发的未来吗？”这个问题十分耐人寻味。

可以预见，未来三到五年内，人工智能算法会被应用到整个医学行业，同时根据人工智能所提供的方法和价值，对医疗行业的不同领域进行不同程度的渗透。届时，传统的药物筛选活动将会被取代，基于人工智能的新兴筛选方式将会在药物开发方面得到越来越多的应用。

但是，任何时代都一直是以一种变革的方式前进的，随着人类社会、科学技术的不断推进，更加前沿的科学技术必将成为下一个热点和风口，为整个人类社会向更高层次进阶提供了推动力量。对于生物技术和制药研发领域，也会迎接新技术的到来，拥抱新技术进行更高层次的创新。所以，人工智能是否最终会成为制药研发的未来，我们拭目以待。

3.药品安全监测

如果研发的药物对某种疾病具有治疗作用，这并不等于该药物就成为了好的药物，因为患者在服药之后是需要经过药物吸收、作用过程、代谢等一系列检验、评估的。对于传统的的药物检验，往往需要经过动物实验以及3个阶段的临床检验。如果发现在安全性方面还有待提升和优化，就需要重新一步步改进，最终确保安全之后才能投入市场。这个过程不仅要经历漫长的时期，还需要有足够的资金支持。

人工智能技术的应用，可以为药物检测提供更多的便利，不仅在专业化研究方面能够满足研究者的需求，还能进一步提高药物使用的安全性。在对其安全性进行评估的过程中，可以采用蒙特卡洛树搜索算法、评价系统等，准确知晓该药物是否存在其他副作用，并从中筛选出对人体没有危害的药物。这样不仅能够节省研究资金的投入，更能提高新药研发成功的几率。

因为人工智能制药较传统制药过程具有不俗的表现，所以被众多药企所看好。

2017年，加州生布鲁诺的一家基于人工智能机器学习技术的创新药物设计平台公司Numerate与我国武田药品有限公司共同合作，使用Numerate公司的人工智能技术研发有关肿瘤学、胃肠病学、中枢神经系统疾病的小分子药物。

同年，苏格兰的一家生物技术公司Exscientia与法国一家全球领先的医药健康企业Sanofi，就开发针对代谢疾病的双特异性小分子药物的研发达成合作关系，并为该项药物投入了约2.8亿美元的研发资金。在合作过程中，Exscientia负责使用期人工智能技术设计化合物，而Sanofi承担的任务是提供化学合成。

智能药物研发的合作案例不仅限于以上这些，近年来众多药企在与人工智能公司联手打造智能药物方面的案例更是比比皆是。从智能药物研发的巨大优势和当前药企纷纷探索人工智能制药的积极性，我们可以预测，人工智能在药物研发中的潜力是巨大的，未来如何发展，让我们拭目以待。

智能健康助手：提供全方位高效护理

据近年卫生部统计的数据显示，我国每年执业（助力）医师仅为2.31人，每千人口注册护士数量2.54人。这一数字虽然较之前有所提升，但每2个医师、2个护士为1000个病患者提供医疗服务，与我国当前数量庞大的病患者规模相比，“看病难”的问题依然挥之不去。

培养一个专业医师，需要付出很多的时间成本和师资成本，如果想要将其培养成一个成熟的三甲医院医生，还需要经过经年累月的经验积累才能实现。试想一下，如果在医疗行业“培养”一批人工智能机器，让其像“小白”一样学习各种医疗诊断技术，未来其在诊断治疗方面的成效将会大幅提升，也给更多的患者带来更加充足的医疗健康资源。

智能健康助手可以像私人健康医生一样随时关注用户的健康问题，其在医疗领域中的应用通常可以分为两种：一种是像苹果Siri一样的智能可穿戴医疗设备；另一种是护理机器人。智能可穿戴医疗设备比机器人助手在市场中推出的时间更早一些，也最先走进大众的生活当中。然而机器人助手则能够提供更加专业化的医疗服务。

智能健康助手

1.智能可穿戴医疗设备

当智能可穿戴技术与医疗相结合，会为移动医疗领域带来巨大的潜力和市场。当前，智能可穿戴医疗设备的形态多种多样，主要有智能眼镜、智能手表、智能腕带、智能衣服、智能跑鞋、智能戒指、智能臂环、智能腰带、智能头盔、智能纽扣等。这些智能可穿戴医疗设备的高速发展，使得医疗事业的发展大放异彩。

用户可以通过语音形式与智能可穿戴医疗设备进行简单的互动，在收到用户的语音信息之后，会在后台进行深度处理，给出相应的答复。在以语音形式与用户进行互动后，智能可穿戴医疗设备还能对用户的病情进行科学预估和诊断。

以智能衣服为例。智能衣服应用于医疗行业之后，体现出了其更加智能的一面。同时，通过收集用户生成的热量、消耗的卡路里、体温的变化、产生的步数等数据，通过手机进行实时监控。当身体出现超负荷工作或处于过度疲劳状态、出现心脏疾病等健康问题时，就会通过手机语音功能即时预警，让用户能够进行有效防范。

未来，智能可穿戴医疗设备还可以对那些患有冠心病、高血压、糖尿病等慢性疾病的人提供远程检测、可穿戴给药等在内的整体疾病管理方案，有效降低患者的死亡概率。

2.护理机器人

我国是老龄化现象比较严重的国家，基于老年人口庞大的基数，再加上失能人员、残疾等病患群体，对于医护人员的需求大幅提升，所以使得很多医护人员抱怨“好像自己变成了机器人”。

随着人工智能的发展，真正的护理机器人出现了。它不但可以为患者提供医护工作，还能照顾患者的饮食起居，拿取和运送物品，甚至还能成为情感交互的好伙伴。

日本丰田公司研发了一款“人类护理机器人（HSR）”，能够帮助残疾人群和行动不能自理的患者。该机器人具有机械手臂，手臂上覆盖了一层软材料，从而确保在前行的时候不会损坏室内家具。同时，其机械手臂还能够抓起某些物体，如电视遥控器、药瓶等，其能携带的物品最大重量为1.2公斤。另外，该机器人还装有多个传感器和相机，有助于更好地导航，甚至能够为长期卧床的患者提供家庭照片。在机器人的头部还装有一个屏幕，为患者提供视频呼叫功能，可以让家人进行远程视频，也可以让医护人员进行远程监控。

未来，人工智能将会成为人类生产、生活中的主流和趋势。将人工智能运用于医疗护理当中，不但可以大幅降低人工成本，还能增加被护理人员的私密性保护。未来，智能健康助手必定会在每个家庭中得到普及。

教育行业：人工智能推动教育改革

三十多年前，一句“教育要从计算机普及抓起”，影响了许多少年的一生。如今进入人工智能时代，编程能力、计算机思维是当前学生信息化素养需要涵盖的重要内容。也正是人工智能的推动，使得当前的教育行业发生了巨大的变革。

构建全新的教学场景

一直以来，教育行业一直是投资客们觊觎的香饽饽，毕竟亿万教育市场所涵盖的旺盛需求是不言而喻的。但随着时代的发展，教育领域呈现出的诸多弊端：教育缺乏科学、生动的学习氛围，学生学得毫无兴趣等成为当前亟待破解的难题。

我国颁布的《国家中长期教育改革和发展规划纲要（2010—2020年）》给出了新的定位：“信息技术对教育发展具有革命性影响，必须高度重视。”该《纲要》为解决“如何使信息技术真正对教育发展产生革命性影响”这个问题找到了明确的方向。

可见，技术与教育的深度融合体现在教学层面上，主要表现为信息技术对课堂的深层次变革。

近年来，随着科技的进步，继计算机、网络、平板电脑等纷纷走进课堂之后，人工智能作为当下的前沿技术正在以前所未有的速度加快课堂教学场景的变革。

沉浸式技术作为当前的一项创新技术，其中包括增强现实眼镜以及其他虚拟现实技术（VR）、增强现实技术（AR）等技术的各类设备等。当沉浸式技术第一次被应用的时候，游戏领域开创了先河。如今，沉浸式技术已经在更多的领域中加以应用，教育领域也包括在内。

随着人工智能技术的不断发展，使得沉浸式技术有了更加广泛的应用前景。

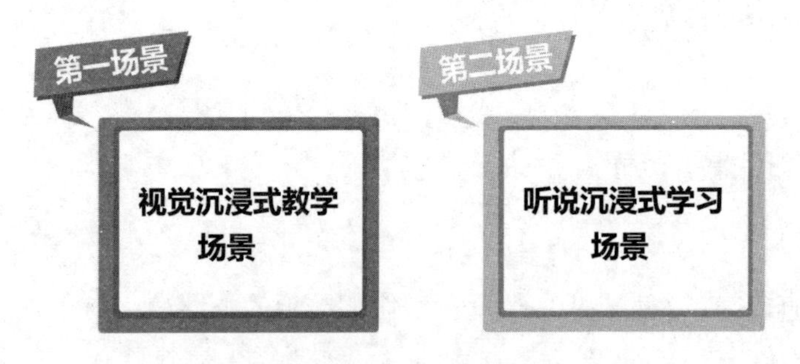

人工智能在教学中的应用

1.视觉沉浸式教学场景

如果能将人工智能与虚拟现实技术（VR）相结合，那么教育将发生翻天覆地的变化。想象一下：在一节古生物课堂上，学生仿佛身临其境般沉浸在侏罗纪时代的模拟环境当中，能够更近距离地认识不同类型的恐龙，然后亲自动手解剖恐龙……这样的课堂氛围自然变得更加生动、形象，充满趣味。

显然，这种基于人工智能与虚拟现实技术的沉浸式教学场景不受环境条件的限制，可以为受教育者创造认为“不可能”的学习体验，以全新的教学方式吸引学生，再加上手势跟踪和深度学习等技术的应用，可以让学生在任何场所观看、触摸全息图。比如，在家看遥不可及的火星、看被损毁前圆明园的全景、看远在大洋彼岸的加利福尼亚海滩等。

2.听说沉浸式学习场景

人机对话是当前教育领域最为常见的人工智能应用。通过人机对话可以为学生提供“听说”的学习场景，是掌握一门新语言最高效的方式。这种方式使得教学成本更低、教学更加便利。

在过去，教学场景往往是线下“师生对话”。随着技术的不断发展，现在互联网远程一对一教育越来越受欢迎。从学习工具上，过去主要是用音频、视频学习，而AI、VR、AR技术能实现语言学习场景，用智能语音技术实现互动，这些更具有科技感的学习场景，让学生学习语言的兴趣大幅提升。

音乐笔记创始人兼CEO闫文闻早期在关注到学生学习钢琴不感兴趣、练习后没有效果的情况后，成立了音乐笔记。音乐笔记主要是打造基于人工智能技术为基础的钢琴练习测评标准体系，在团队成员的共同努力下打造了在线教育产品——大眼睛在线钢琴教室。

借助智能硬件与计算机视觉系统，大眼睛在线钢琴教室创造了沉浸式的陪练场景，使得学生和老师能够通过互联网实时看清出对方的“手的弹奏姿势”以及全键盘。通过游戏化的方式向学生展示钢琴学习的方法，让学生对钢琴学习更感兴趣。通过采集上课过程中的海量视频数据，音乐笔记借助人工智能技术将这些数据进行深入分析和学习，更好地为学生提供服务和帮助。音乐笔记的人机交互智能陪练技术能够在演奏过程中使得问题纠错的准确度达到了99.5%，并且实现了毫秒级实时反馈。

未来，语言学习的“人人交互”场景逐渐被“人机交互”所取代，在云端技术的推动下，人机交互的内容将变得更加丰富多彩。人工智能在教育领域中的应用，将会使得教学场景变得更加智能化、高效化。

加速教育模式创新

在过去几十年甚至几百年来，教学方式往往一成不变，学生学习的形式也依然古老陈旧，缺乏创新。把学生按照年龄进行阶段性分组，让他们每周每门课固定课时，在这种静态、乏味、不注重个性化发展的教育方式下还希望所有学生都能参与并在学业上有所收获，学生们往往因为考试产生的恐惧而去被动学习，而非因为对课程的兴趣而主动学习。这是教育模式的一种弊端。

人工智能+教育，恰巧能解决传统教育的这些弊端。人工智能+教育能够解决数据采集的问题，实现从数字化到数据化；能为老师减轻授课负担，减少老师重复做简单工作的时间；能够实现对学生的个性化分析，实现以学定教，提供更加优质的个性化教学方式。总之，人工智能应用于教育领域的教、学、考、评、管各个方面，使得百年来“因材施教”的梦想成真。

1.提供个性化教学方案

“个性化学习”，即因材施教，这是人工智能在教育领域发展的重要目标。在过去，人们无法想象能够针对不同学生的学习情况打造一对一个性化教学，如今，人工智能凭借其机器学习、自然语言处理、计算机视觉等技术，通过教育状况、课堂互动等分析学生的能力、兴趣、潜力等，给学生制定出最佳的学习方法，给课堂带来不一样的教学模式。

自适应学习模式是实现个性化教学的关键。所谓的自适应学习，是主张每个人都拥有属于自己的独特学习路径，通过计算机手段检测学生当前的学习水平和状态，并相应调整其日后的学习内容和路径。随着时间的推移，数据积累逐渐增多，人工智能也就越来越“聪明”，对学生学习的适应也就越加精准，这样形成了一个良性的循环，帮助学生提升学习效率，从而达到最佳的学习效果。

学习本身是一件非常复杂的过程，单纯依靠简单的计算机编程是很难实现的。人工智能可以帮助自适应学习从传统模式向智能化模式升级。

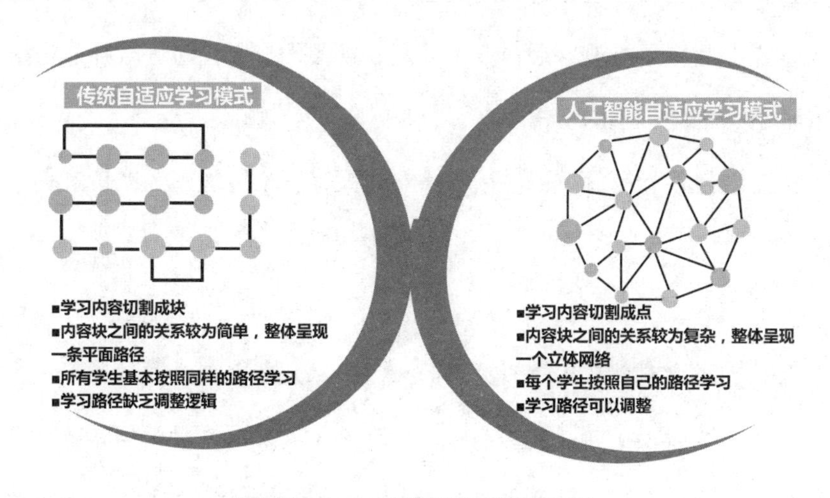

传统学习与人工智能学习模式的对比

美国与澳大利亚一家名叫Smart Sparrow自适应教育平台公司设计了一款集课程设计、在线学习、自适应学习、大数据分析、智能辅导等功能于一体的平台。教师可以在该平台上通过内容库为学生设计课程，在教学过程中的每个环节可以添加与学生互动的元素。这样学生可以通过完成一些“任务”掌握课程知识。另外，在互动的过程中，人工智能系统还会收集学生学习的实时数据，追踪学生的学习情况，如果发现学生出现学习瓶颈，则会在最短的时间内给出解决瓶颈的最佳策略。

这个系统不仅能为学生提供个性化教学，而且还给教师提供了大量实时数据资料，让教师更加了解自己学生的学习情况，并根据不同的情况给学生进行更加有针对性的教学方案。

2.人工智能批改作业

一直以来，教师不但课堂上负责给学生授课，还需要在课后担任给学生批改作业的职责。甚至有的时候家长在忙碌了一天的工作之后，下班回到家还需要为孩子批改课后作业。显然，批改作业无论对于教师还是学生家长而言，都是不小的负担。

人工智能在教育领域的应用，将在很大程度上为教师和家长解决这一痛点。

杭州的大拿科技股份有限公司推出了一款免费智能手机软件——爱作业，可以免费帮助小学一到三年级教师和学生家长批改数学口算题。用户只需通过App对准学生作业本进行拍摄，随后在短暂的1秒中后就可以快速检测出错误答案。该软件的检测准确率达到了95%。爱作业的工作原理是：其识别引擎背后使用了基于深度学习的人工智能技术，在不断“学习”小学生作业题的基础上逐渐提高自己的识别能力，从而达到精准批改作业的目的。爱作业的出现充分体现了人工智能技术对教育模式的一种变革。

3.拍照搜题到智能解题

在以往，学生在做题的过程中遇到问题时，只能通过搜索引擎求助寻找答案，并且需要输入全部问题内容。这种方式非常繁琐，且不一定能找到相关搜索结果。人工智能结合大数据等技术之后，不但能够实现拍照搜题，还能通过智能解题快速获得详细的解题方法，使得学习中遇到解题困难迎刃而解。

阿凡题是一款知名的人工智能在线教育App，它不但具备拍照搜题功能，还利用人工智能、大数据等技术，引入即时通讯技术，从而搭建起了一个完整的智能搜题、解题体系。用户拍下题目并上传至阿凡题App，系统会在几秒钟的时间里从题库中为用户搜索到解题步骤和答案。

此外，目前市面上的产品只能识别印刷体，而阿凡题–X还支持手写体识别功能。阿凡题通过采集128万个真实的手写符号样本并建立数据库，极大地提升了其识别能力。当前阿凡题的手写识别率虽然只有60%，但相信未来随着样本数据的不断积累，其精准识别的能力将会大幅提升。

人工智能正在不断向教育领域渗透，未来将会在教育领域带来更多可喜的应用成果，为全球教育事业的发展带来更多的颠覆性创新，进而为我们开启一个全新的教育时代。

新闻行业：扩展新闻领域新天地

随着人工智能的发展，其延伸的领域越来越多，除了制造业、金融业、医疗行业、教育行业之外，新闻行业也是一个涉足的领域。人工智能之于新闻行业的应用，正在为新闻领域开辟全新的发展天地。

内容生成智能化：后文字时代的魔幻之手

新闻内容生成工作是新闻工作者的职责，然而人工智能的出现则取代了新闻工作者的角色，成为后文字时代的魔幻之手，使得新闻内容生产实现了智能化。这既是对新闻工作者双手的解放，同时也缩小了新闻工作者的生存空间，可谓几多欢喜几多烦忧。

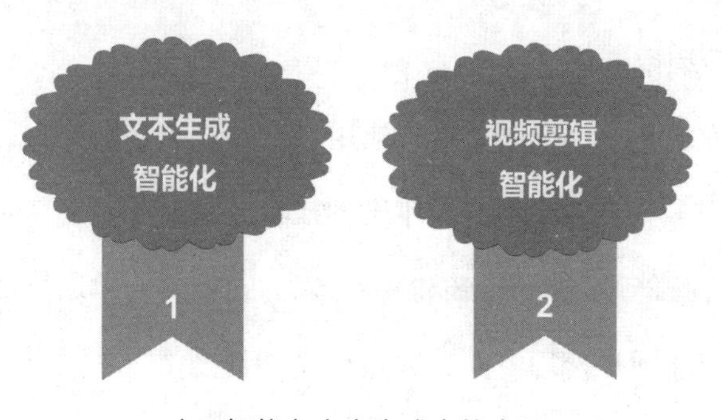

人工智能在内容生成中的应用

1.文本生成智能化

传统的文本生成往往需要新闻工作者实时进行采访，然后将采访稿进行整理、撰写、润色、修改，再经过审核之后才能定稿。在整个过程中，往往需要多个繁琐的步骤、耗费大量的时间才能完成。

人工智能缩短了这个过程所需的时间，并能化繁为简，快速生成文本内容，实现文本生成智能化。

人工智能文本生成与普通的新闻编辑写作不同，借助智能写作机器人“之手”，通过文本风格模式的识别，使用算法对数据进行加工处理，并通过计算机程序自动化生成文本内容。与普通的新闻编辑写作相比，智能写作机器人在工作的过程中更具时效性、准确性。

目前，腾讯已经打造出了一款智能写作机器人Dream Writer，该写作机器人在生成文本内容的过程中，主要是借助大数据分析，并通过学习已有的固定新闻稿件模板，在短时间内选出的新闻点、所抓取的相关资料等，生成新闻内容。Dream Writer基于人工智能技术，在文本生成的准确率和时效性上是人类所难以与之相媲美的。

2.视频剪辑智能化

与文本生成相比，视频剪辑中应用人工智能技术则更为普遍。

当前，很多具有危险性、高难度的摄影，如航拍、悬崖拍摄、水下摄影等都是通过智能设备拍摄完成的，可以为我们无死角地呈现世界全貌。

人工智能在图片处理方面，通过借助神经网络、深度学习等技术，让普罗大众都能感受到艺术的奇妙之处。

Twitter在收购了伦敦一家机器学习和视觉处理技术开发商MPT公司之后，利用MPT公司所拥有的先进的人工智能神经网络和机器学习技术，用手机加强照片内容处理以及加强虚拟现实或增强现实应用程序。此外还能自动完善直播视频内容，有效提高了视频简介的质量和剪辑销量，免去了后期加工的环节。

人工智能在内容生成方面具有非凡的表现，在新闻领域的应用能够有效帮助新闻媒体提高生产力，可谓是新闻领域中诞生的“媒体大脑”。

★人工智能问题思考★

人工智能生成的内容其著作权是否受法律保护?

人工智能在内容生成方面的确有不俗的表现，但其生成的内容在表现形式上并不符合作品的构成要件。因为人工智能生成的内容是对已有的内容大范围“学习”之后进行的“创作”，这种创作是基于庞大的数据库而形成的，因此不能算作真正的原创作品，也不受到著作权法的保护。

内容分发智能化：编辑权利让渡

通常，我们能够从新闻媒体中读到什么、看到什么，都是由新闻媒体的少数人所决定的。人工智能时代的到来，使得这种权利让渡给了机器算法。

与传统的人工分发内容的方式相比，运用人工智能进行内容分发具备很多优势，主要体现在以下几个方面：

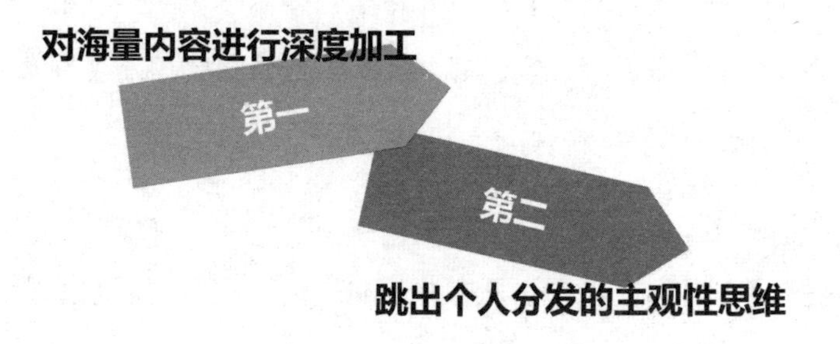

人工智能在内容分发中的应用

1.对海量内容进行深度加工

在通过人工进行内容分发的时候，往往在内容数量上受到一定的限制，所集中的内容范围通常是当前最热门的内容。

基于人工智能的内容分发则可以覆盖大的范围，不但包括用户生活、个人兴趣等相关长尾的新闻报道，还可以通过记录、分析用户的浏览行为，并对这些信息进行深加工，提取分类、主题、标签、风格等重要的结构化数据信息。显然，这种借助人工智能技术的内容分发方式，完全是根据用户的喜好来挖掘价值内容的，使得所分发的内容更加符合用户的阅读需求。

2.跳出个人分发的主观性思维

传统的人工内容分发方式往往是编辑凭借个人主观性思维来选择“自以为”用户喜欢的内容，这种方式难免具有一定的偏差性。

人工智能技术下的内容分发使得智能机器能够跳出编辑的主观判断，对用户、内容、上下文信息等进行算法打分，然后统计每个内容的得分情况，根据得分的高低进行排序。由于这种分发方式是在考虑用户需求的基础上得到的排序结果，所以体现出分发内容个性化的一面。与此同时，这种智能分发方式能够根据用户需求的变化进行实时更新，充分利用现有数据来指导下次分发内容，保证了分发效率的最大化。

腾讯开发的天天快报栏目，目前就是借助人工智能实现内容分发的。天天快报的智能系统先对用户推荐海量内容，根据用户的兴趣、爱好、习惯，以及屏蔽的不感兴趣的内容将各个端口的内容通过算法进行打分、排序，最终推荐给用户喜欢的内容，实现内容的精准推送。用户获取资讯的另一种方式就是自主选择想要看的频道，设置频道选项时，可以自己调整收藏频道的顺序，并且可以选择想要添加的频道。当用户使用微信、QQ登录的时候，系统就可以立刻识别用户的阅读兴趣。

这种算法+运营的精准内容推荐机制，结合用户所喜欢的相关阅读内容进行推送，帮助腾讯防止流量流失、提升文章点击量的同时，更能防止用户阅读信息的单一性情况出现，有效拓宽了用户的阅读领域。

人工智能时代的到来，不但使得工作人员从繁琐而复杂的内容搜索、分发中解放出来，更有利于为用户提供感兴趣的个性化内容，牢牢地“拴住”用户，为新闻行业的发展开辟了更加宽广的道路。

内容监测智能化：比用户更了解用户

美国著名报纸编辑、记者辑约瑟夫·普利策把记者比喻为“国家之船的瞭望者”，然而人工智能则更具前瞻性，对未来看得更加深远。

人工智能可以跳过新闻本身，通过分析大量用户的数据，增进对用户行为的认知水平，直接追踪用户的情绪变化，从而预测用户未来可能发生的不良行为。这就是人工智能实现内容监测的智能化。

Facebook目前已经打造出了一套人工智能系统，并投入了使用。该智能系统对Facebook Live和Messenger中的不良信息进行智能检测，从而有效防止用户自杀倾向。这套智能系统是根据以往有自杀风险的帖子进行深度学习，对帖子中的那些具有危险性的字眼进行分析，尤其是像“你还好吗？”“我很担心你！”这样的句子所包含的不同情绪进行有效识别，从而触发不同的信号。当检测到危险之后，Facebook社区团队会对发出该帖子的用户进行跟踪，确认后会与可能存在自我伤害危险的人取得联系，建议他们寻求帮助。与此同时，人工智能还会找到与该用户经常联系的亲友用户突出显示“自杀或自我伤害”报告，提醒亲友们及时发现并阻止可能存在或即将发生的自我伤害行为。

可见，Facebook的这套智能系统可以对用户发表的内容进行智能化监测，比用户自己更了解用户，有效减少了用户自我伤害现象的发生。

★人工智能问题思考★

人工智能能够实现内容监测智能化，是否意味着其能够突破人类认知?

人工智能技术的迅速发展得益于深度学习技术的不断进步，通过深度学习，人工智能可以像人类一样思考，并模仿人类大脑的神经系统进行运作。当输入海量数据信息时，可以从中快速找到某种模式。也正是因为这一点，使得人工智能更加了解用户的内心。但如果把人工智能放在语义理解的层面进行剖析的话，现阶段的人工智能技术还是相当薄弱的，要想达到超级人工智能时代，要想更加精准地识别人类思维、情绪，还有一段路要走。

或许在未来的某一天，人工智能可以真正地突破人类的认知，但并不是现在。

第四章

社会变革：

人工智能重塑人类社会生活

生产力决定生产关系，生产关系一定要适应生产力——这是一条必然规律。人工智能技术被认为是二十一世纪与空间技术、能源技术并列的世界三大尖端科技之一，显然是当前最具前沿性的生产力，然而纵观人类历史长河，每一次生产力变革必然会带来社会秩序的变革。简单来说，人工智能必将在全球范围内重塑人类社会生活。

社会变革：人工智能改变未来社会

人工智能自1956年首次被提出至今，已经经过了60多年的发展。在这半个多世纪的时间里，人工智能无论是理论还是技术，亦或是应用都日益趋于成熟，由此对整个人类社会的影响也是非常巨大和深远的，其改变未来社会的价值也是不容忽视的。

引发产业结构深刻变革

人工智能作为20世纪70年代快速发展的尖端技术之一，经过不断创新，如今已经逐步实现从认知物理世界到个性化场景落地的跨越。近年来，通过人工智能提高生产力以及创造全新的产品和服务，已经成为经济竞争的迫切需求，同时也引发了产业结构的深刻变革。

1.为实体经济的创新和发展赋能

任何时代，实体经济是推动一个国家强盛的根本，也是实现富民的基础。当前的现代化经济体系，将发展的重点放在实体经济上。而当下实体经济的创新和发展却又离不开与人工智能的深度融合。

目前，应用型人工智能已经渗透到了各行各业，随着科学技术的不断发展，软件和硬件设备的融合也越来越深入，这就给不同领域（如零售业、金融业、农业、工业、医疗业等）的商业发展注入了新能量。

以医疗业为例：在深度学习算法的推动下，人工智能在提高健康医疗服务的效率和疾病诊断方面具有天然的优势：

一方面，计算机视觉技术在医学影象中的应用，可以为病患诊断疾病。

另一方面，自然语言处理技术的应用，可以先“听懂”病患对自己症状的描述，然后根据疾病数据库中的相关数据内容进行对比和深度学习诊断疾病。

这两个方面在医学领域的应用，极大地提升了医疗服务的效率和患者体验，对于未来医疗健康的发展具有重要的指导意义。

2.为产业结构转型升级助力

人工智能的发展正全面影响产业结构的变革，越来越多的传统产业开始在向人工智能靠拢，并借助人工智能实现了产业的转型和升级。智能制造是当前的高性能前景产业，对于一个国家的制造业发展和提升竞争力具有重要的战略意义。智能制造的发展是在人工智能的基础上得以实现的，换句话说，人工智能的发展直接推动国家智能制造的快速实现。将人工智能运用于制造业，从生产制造到产品运输、物流跟踪，从供应链到制造生态系统，每一个环节都体现出了高端化、智能化。

另外，人工智能融入到制造业中，还使得智能机器设备替代人工或者与人协同工作，有效提升了生产劳动效率，重塑了产业链和价值创造的分配方式。

人工智能正成为当前新一轮技术和产业变革的趋势，悄悄地影响并改变着我们周围的世界，这是继工业时代、电气时代、信息时代之后，产业革命的又一次变革，使得人类文明的发展又迈出了一大步。

促使新一轮就业转型

虽然人工智能的出现给社会带来了劳动力失业的困局，但也因此迎来了新一轮就业转型的契机。

2017年12月13日，中国工业和信息化部引发了《促进新一代人工智能产业发展三年行动计划（2018—2020）》。在该计划中明确将人工智能作为新技术经济体系转型的关键推动力。

此外，根据艾瑞咨询所预测的数据显示：“2020年全球人工智能市场规模将达到1190亿元，年复合增速可能达到19.7%；同期中国人工智能市场的规模将达到91亿元，年复合增速有望超过50%。”

以上均表明未来人工智能的市场规模巨大，当前正迎来人工智能的红利期。这样，人工智能技术可以实现更大范围的应用，如机器翻译、智能控制、专家系统、机器人学、语言和图像理解、自动程序设计、航天应用等等。在人工智能发展的大好前景下，自然为人们带来全新的就业方向。

1.技能偏好型技术革命带来全新的就业方向

虽然技术进步会在一定程度上给传统行业中的劳动者带来失业压力，

但新技术在新的工作部门和行业中发展，也带来了全新的就业方向。

以工业革命为例。第一次工业革命的到来，在新技术的冲击下使得传统手工业者失去了就业机会，成为了技术进步的受害者，然而那些能够快速适应新技术革新的人却因此而抓住了就业机会。第三次工业革命的出现，使得发达国家中从事程序化工作的白领面临失业风险，但却为那些掌握高技能的人提供了全新的工作岗位。

麻省理工学院教授Daron Acemoglu和波士顿大学教授Pascual Restrepo两人在进行机器人对美国劳动力市场变化研究的过程中发现，在制造业中，自动化的出现会给低技能劳动者的工资和就业两方面带来巨大的负面影响，而高技能劳动者在人工智能时代不但不会受到负面影响，反而迎来了职业生涯的春天。回顾历史上任何新技术变革的阶段，我们不难发现，技术创新可以提高人工劳动的生产力，进而创造出更多的新产品和更大规模的经济市场，进一步为劳动者提供更多的就业机会。对于人工智能而言，这一历史规律依然会重新上演。

人工智能推动了“技能偏好型技术革命”，在这场革命中，对数字技能的重视程度越来越高，而中低端劳动技能的需求空间则越来越狭小。因此，那些灵活性更高、创造力更强的高技能劳动者将在人工智能时代获益，而那些从事手工业、中低技能的劳动者将面临人工智能带来的失业威胁。所以，那些中低技能劳动者只有向高技能劳动者转型，才能获得更多的就业机会。

2.产业规模扩张和结构升级带来更多就业机会

技术的进步是实现经济增长和人民生活水平提高的关键。提高生产力，就意味着可以间接提高人均收入和消费者的消费能力。当一种技术发展成为一个时代的通用技术时，这项技术就被赋予了广泛应用的能力，可以在更多的产业领域中加以应用，以提高各产业的生产力。纵观经济发展史的每个阶段，工业领域的每一次变革都实现了一次经济转型，并在此基础上重塑了整个世界。

人工智能技术是一项可以自主解决复杂问题的创新技术，在众多领域的应用都有突破性进展，包括数字技术、纳米技术、神经科技等，通过加强即计算能力，可以大幅提升机器人“智慧大脑”的思考能力，还能有效降低机器人成本，使得各领域应用人工智能技术的产业规模就能进一步扩大，进而带动产业结构升级，让人工智能为本产业创造出更多的社会、经济价值。

对于传统企业而言，只有不断扩张产业规模，升级产业结构，才能在人工智能时代提升市场竞争力，获得更好的发展。

可以预见，随着人工智能技术的进一步发展，当前的社会分工将会呈现出巨变。人工智能带动的相关“新行业”也将给越来越多的人带来全新的就业机会，产生更多的新岗位；而中低技能劳动者为了避免失业，就必须向高技能劳动者转型，找到全新的就业突破口。

生活变革：AI无所不在，科技改变生活

放眼望去，人工智能正像雨后春笋般在全球范围内席卷而来。人工智能无处不在，已经渗透到了人们生活的方方面面，如救援机器人、无人驾驶汽车、智能停车场等，让我们的生活因科技而变得更加便利。

广泛影响人类生活

人工智能被认为是通过模拟、延伸和扩展人类智能，产生具有人类智能的计算系统。当前这个智能的计算系统几乎遍布我们生活的各个角落。

一位用户想剪头发，于是对他身边的“助理”说：“我想剪头发。”

此时，这位“助理”先拨通了理发店的电话：“您好，我想预约理发服务。”

理发店店员：“你想预约什么时间？”

助理："你觉得3号12点可以吗？"

理发店店员："我要查查理发师傅当天的档期，请稍等。"

助理："嗯。"

理发店店员："3号12点不行，理发师要帮助王阿姨烫发。"

助理："那10点到12点呢？"

理发店店员："你想剪发还是烫头发？"

助理："就修一下。"

理发店店员："那没问题，我们10点见！"

我们是否感觉以上整段对话流畅、自然，而且也非常口语话？其实这里的这位"助理"是谷歌在2018年5月8日一年一度的I/O开发者年会①上推出的一款人工智能生活助理Google Assistant。让人称奇的是，这个生活助理不仅能听懂人话，还能"说人话"。

不但如此，Google Assistant还能预订餐馆，如果没有位置，它能学会变通地更改预订时间，他的声音也仿佛人类，回答方式也和人类无异。

的确，谷歌打造的人工智能生活助理Google Assistant的智能程度惊人。谷歌这是真的"把人造出来了"！像谷歌打造的Google Assistant这类创新智能机器人的出现，的确让我们的生活变得更加便捷。

简单地说，人工智能对人们生活带来的好处如下图所示：

① Google I/O：是由Google举行的网络开发者年会，讨论的焦点是用Google和开放网络技术开发网络应用，Google I/O 寓为"开放中创新"（Innovation in the Open），已举办过10届。

人工智能对生活的贡献

1.解放双手

人工智能的发展和应用已经成为了当下的一种潮流和趋势。人工智能产品之所以受到广大消费者的认可，是因为它们的出现可以协助人类完成诸多日常工作，在很大程度上为人类的日常生活和使用提供了便利。因此“解放双手”成为了人工智能发展的主战场，能够为人类节省大量的时间，提高我们的工作效率，同时还能提高我们的生活水准。

正如谷歌研发的Google Assistant，它完全可以胜任人类交给它的日常工作，并能够通过自己的灵活性将事情处理的十分妥当。在这类人工智能生活助理的帮助下，人类不必再为生活中的纷繁琐碎的事情而烦忧，完全可以省心、放心的生活，并将更多的精力和时间用在更有价值的事情上。

例如：

洗碗有洗碗机，扫地拖地有机器人，同样，那些简单又繁琐的事情，完全不用我们亲自动手，可以由机器人帮我们完成。

像邮件等传递和处理问题上，也都不必担心，交给人工智能机器人处理，既快速又精准。

有些罕见疾病利用传统的机器和医生的肉眼观察是无法检测出来的，而人工智能机器可以深入人体进行探测。

2.提供完美、有效的解决方案

如今人工智能已经从概念变成现实在我们的日常生活中提供各类服务，如无人汽车、人工智能家电、人工智能医疗等诸多领域中，人工智能为人类生活中遇到的各种难题、困境等提供有效可行的解决方案。

以人工智能在网上购物过程中的应用为例。每年“双十一”“双十二”期间都是消费者“剁手”的狂欢节，这时候也是对人工客服处理消费者问题能力、经验，以及能否承受巨大工作压力的各项考验。零售领域的两大平台天猫和京东，为了能够满足消费者对客服和物流的需求，在客服系统中引入了“人工智能客服”，以缓解人工客服的工作压力，提升客服服务质量。人工智能客服通过对上千万的客户问题进行学习和分析，为用户寻找最佳的问题解决方案。同时，人工智能客服还通过引入高性能计算、图像识别、语音识别等技术，使得天猫和京东的仓储实现了机器人为主的货品分拣体系，以便更快地把整理好的货物送到消费者手中。

显然，人工智能已经来到了我们身边，融入了我们的生活。未来，随着时间的推移，人工智能技术向更高级阶段迈进，而其在人类生活中出现的频率也将越来越高，为人类提供各种解决方案的频率也会越来越高，提供的解决方案也将更便捷化、可行性。

优化人类生活方式

人工智能已经开始“就业”，并逐渐走入人们的日常生活当中，优化了人类生活方式，给人类生活带来更多的便利。

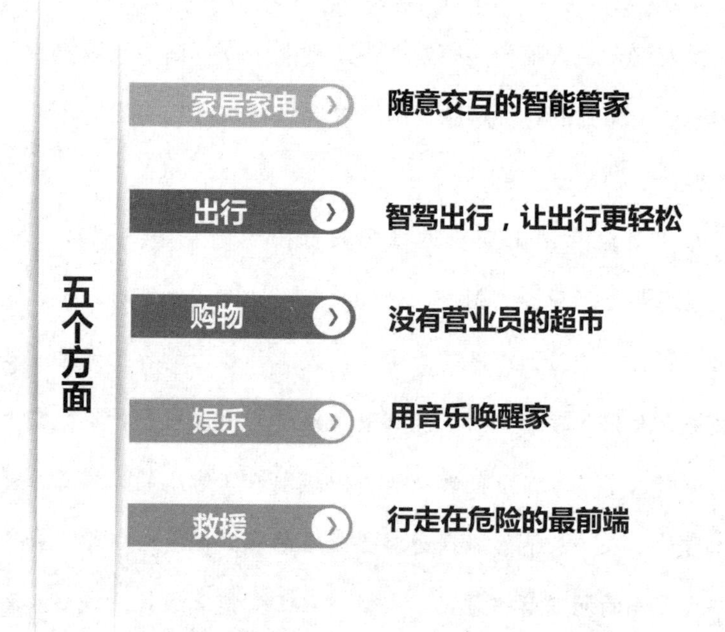

人工智能优化人类生活方式

1.家居家电：随意交互的智能管家

当前，人工智能技术与商业的融合是大势所趋，尤其是在家居行业，人工智能成为了标配。如在电视上可以购物、通过手机可以控制扫地机器人的运行轨迹、对智能冰箱发出语音指令可以实现自动温控、智能烤箱会自动“辨认”食材实现一键烹饪、宠物智能狗可以成为家庭中新一代的保姆照看孩子……当传统的家具家电遇到人工智能，智能化应用场景争相涌现，所体现出的巨大商业价值也是我们所无法想象的。

随着物联网、大数据、人工智能等一系列新兴技术的不断发展，家具家电行业在人工智能技术的加持下，对消费者需求升级使得不少智能家电企业风生水起。

在2018年中国家电及消费电子博览会上，海尔大胆地推出了针对不同场景打造的“4+7+N”智慧家庭定制方案。该方案可以说是海尔在人工智能家电的一大“力作”，使得各种冰冷的传统家电在人工智能时代更具拟人化、情感化，它们犹如拥有了人类的眼睛、嘴巴和耳朵，可以与“主人”随意交互，并能连接背后的服务。

在2018中国家电及消费电子博览会上，海信也推出了一款智能电视新品，该产品是海信与“电视淘宝”合作共同打造的人工智能产品。用户可以在收看电视节目的同时，通过图像检索和语音控制，在电视上进行购物。

目前，人工智能在家具家电中的应用使其应用场景呈现出碎片化特点与很多内容、服务融合。传统的家具家电企业正在加大转型步伐，打破传统的单一硬件产品的边界，在实现产品智能化的同时，为用户带来更多的智能化解决方案，这也是未来家具家电行业在人工智能领域大显身手的最佳方向。

2.出行：智驾出行，让出行更轻松

人工智能在出行中的应用，可以实现这样的出行场景：眼睛不用紧盯着路况，而是可以以一种放松的姿态和车内的亲人、朋友进行目光对视、情感交流；双手不需要紧握方向盘，可以摆脱双手自动驾驶；脚不需要踩着油门和刹车，可以全身心放松下来去休息；出门不必为找停车位而烦恼，智能停车场帮你解决一切……

这样的美好场景以前似乎是痴人说梦，然而如今的人工智能时代，这些看似乌托邦的出行场景也都成为了现实。人工智能对人类出行的巨大改变可谓无所不在，无人驾驶汽车和智能停车场是人工智能在人类出行领域中的最大改变。

1）无人驾驶汽车

传统的汽车都需要有人驾驶，往往会由于驾驶员的一时疏忽或失误操作而带来安全隐患，甚至付出生命的代价。而智能汽车将这种情况彻底改变，无人驾驶汽车是在普通汽车的基础上增加了先进的传感器（包括雷达、摄像）、控制器等装置，通过传感器系统和信息终端实现与车、路、人之间的信息交换，因此车辆能够在行驶的过程中自动感知外部环境，能够自动分析车辆行驶的安全及危险状况，并使车辆替代人来操作，按照人的意愿到达目的地。

所谓的感知就是能够把真实的世界转换成数字世界，通过输出结构化的数据，可以被人和智能设备所理解。无人驾驶汽车不但能够感知到人，还能感知到外部环境。

另外，传统汽车在某些公路或桥梁上行驶时，必须缴纳通行费用，不但会因为排队而浪费行车时间，而且容易引起交通阻塞，导致耗油量增多，排放量增加，为此，应用电子技术研发出了智能电子收费系统，成为了无人驾驶汽车运输系统的一个重要子系统。

以Google无人驾驶汽车为例。目前Google无人驾驶汽车的行车距离已经超过了30万英里，其最大特点在于通过车载摄像机和雷达传感器、激光测距仪与大数据完美结合来完成驾驶任务。Google无人驾驶汽车的车顶上安装了能够发射64束激光射线的扫描器，当激光遇到车辆周围的障碍物时，就自动反射回来，并以此计算出与障碍物之间的距离。

此外，在车的底部还有一个测量系统，通过该系统可以计算出车辆的加速度、角速度等数据，而后再利用GPS数据计算出车辆的具体位置，之后，所有的这些数据都与车载摄像机所捕获的图像一同输入计算机中，通过计算机高效地计算处理这些数据，然后系统进一步迅速做出相应加减速度的判断，以保证车与车之间不会发生相撞事故。

在出行方面，不仅无人驾驶汽车给人类的生活带来了便利，我国首创的全球无人驾驶地铁、无人驾驶高铁也都分别进入现场试验阶段。这标志着我国高铁无人驾驶技术和地铁无人驾驶技术取得了关键性突破。这两项技术为民众提供了更加丰富的出行选择。

未来，飞行汽车作为像《哈利波特》中能够飞行的扫把一般飞行的魔幻式出行方式，也将在人工智能技术的推动下变为现实，将对我们当前的交通拥堵现象带来强有力的改善。虽然飞行汽车从研究实现到研究应用需要经历较长的一段时间，但相信在人工智能技术的驱使下，这一天已经离我们越来越近。

2）智能停车场

伴随着无人驾驶汽车的问世，智能停车场也成为一个十分新颖的产品出现在人们的生活当中。智能停车场凭借着传统的停车场资源，通过借助智慧停车平台下的硬件与软件相结合，对整个停车资源进行智能化整合。同时利用物联网、大数据、云计算等技术，使得智能停车场平台得以生成。

智能停车平台上能够保证各项停车场管理都能得以实现的关键性技术就是车牌识别技术了。因为车牌是全世界对车辆身份识别的最重要标志。人工智能技术的应用使得车牌识别的准确率得以提高，这对于车辆收费、车辆管理等方面具有十分重要的意义。

3.购物：没有营业员的超市

手机扫码进门、选购商品之后可以径直走出大门。整个购物过程中，消费者无须排队、无须结账，智能收银系统就能识别商品并能够在瞬间完成智能收银。这就是人工智能给大众消费者带来的神奇购物体验。

在智能购物的全过程中，是没有营业员参与的，消费者拿到某阳商品时的表情和肢体语言都会被计算机视觉所记录下来，帮助商家判断某款商品是否让消费者满意。此外，借助计算机视觉技术，可以通过捕捉到消费者在店内的运行轨迹、在货架前的停留时间，提醒和帮助商家及时调整货品的陈列方式和及时补充货品。

亚马逊在美国推出了一款无人超市产品Amazon Go，基于这款人工智能产品，用户只需要用手机登录亚马逊账户，并在进门时通过身份审核，就可以实现真正的“无人结账，即拿即走”。虽然目前Amazon Go的承客能力较低，一次性最多可以承20名消费者，但Amazon Go已经将自主消费结账系统提升到了一个全新的技术高度。

4.娱乐：智能音乐

人类的生活中除了工作和学习之外，还需要娱乐。而音乐则是人类娱乐中最能够放松身心、排解压力的方式。

音乐的发展历程经历了很多次变革：从使用录音机、CD机在一个固定的地方听，到下载音乐（MP3、MP4、MP5），使得音乐能够实现随身听，再到用流媒体音乐实现在线听，音乐的发展总是在与时俱进。

进入人工智能时代，音乐也有了全新的发展方向。

1）音乐内容智能化

现在很多音乐软件因为版权限制，任何一家音乐平台都不能拥有全部的音乐资源。有时候，用户想听的音乐并不一定在其常用的音乐平台上能够找到，这就需要用户使用多个音乐软件才能满足其需求。

基于人工智能技术打造的智能音响可以打通不同的曲库，让人们想听什么就能听什么，让音乐的选择不再受到限制。打通了曲库之后，智能音响可以深度学习用户的音乐喜好和听音乐的习惯，并根据这些喜好和习惯为用户提供和编辑音乐，还能够洞察音乐的使用场景，比如早上、餐前、睡前等，为用户配置更加适合场景的音乐。

2）智能音响语音交互

智能音响中还有一个巨大的亮点，就是能够与人类进行语音交互，它能听得懂人类语言，并且还能和人类进行对话。这样，当人们经过繁忙的工作下班后，就可以用语言唤醒音响，之后音乐就会响起，同时也可以告诉它需要在哪个房间播放什么类型的音乐。

在这样的场景中，语音交互只需1秒钟的时间就能满足人类的娱乐需求，让每个家庭成员都能轻松享受这种智慧的娱乐方式。

5.救援：行走在危险的最前端

在救援工作中有时候是无人能靠近的危险境地，这就给救援工作带来了极大的阻碍。

不论是日常救援还是自然灾害之后的搜救，搜救人员总是冲在第一线，在保护群众生命安全的同时，也需要对自身安全进行保护，因为救助受困人员是作为一名搜救人员的职责，但从人性的角度讲，救援人员的生命同样宝贵，在救援的过程中需要最大限度地减少救援人员的牺牲。

人工智能机器人的出现可以帮助救助更多的人。以火场救援为例，智能救援机器人通过消防人员身上所携带的传感器获取火场所处的位置、周围的温度、危险化学品和危险气体的信号以及区域卫星图等全方面的信息，之后再利用物联网技术，使得经过机器学习的救援机器人能够模拟人类思考的方式，对未来火势进行预测，并给出更加有效的灭火方案，从而最大程度地保护效仿人员的安全。

当然，协助消防人员参与灭火行动是人工智能援救机器人的一种类型。对于那些更加严重的灾难现场，人类是无法靠近的，这时候就需要援救机器人登场来解决。

日本目前正在开展一项工作研发“机器人消防员”，该“机器人消防员”可以在上空拍摄现场情况，可以收集地面信息进行侦查，还可以自动携带水枪移动灭火。机器人消防员代替人类完成救援任务，有效减少了援救人员的牺牲。

未来，在救援中，人工智能的用武之地将更加广泛，将会渗透到救援工作的方方面面，给人类的人生财产安全带来更大的保障。

社交变革：人工智能重构社交工具

看过电影《她》的人都知道其中有这样的故事情节：男主角爱上了系统里一个叫“Samantha”的人工智能“姑娘”，她不仅有着沙哑的声音，而且还具有幽默风趣、善解人意的性格，让男主角深陷爱河。此情节似乎向人们传递着人类未来的社交方式。随着人工智能地不断发展，人工智能与社交融合，将会为人类社交带来巨大的变革。

人机交互成为全新的社交方式

人工智能的应用，使得人机交互成为一种全新的社交方式，在社交领域中大显身手。人机交互在实现社交变革的过程中，主要有以下几个方面的应用：

1.智能聊天

神经网络不但可以在图像识别领域中体现其巨大的优势，在生活场景中可以以最小的干扰程度收听到发出指令的声音，然后用最为强大的运算处理能力去克服噪音、用户口音、语音歧义等各方面的影响，准确接收并理解用户给出的语音指令，做出相应的处理反应，如能迅速将所接收到的语言进行翻译，甚至能通过对话的方式直接回复用户给出的指令。

未来，或许每一个社交App都会拥有像电影里的“Samantha”那样的人工智能语功能，可以教用户如何快速掌握App功能；可以成为用户家庭中的一员；可以根据对用户生活习惯的观察、生活环境的了解，为用户推荐更加适合的交友对象（包括情感和事业两方面）；为用户排忧解难，充当起心理医生和好友的角色，但却只能以一个社交App的形式存在，并和用户进行聊天。

谷歌和微软、Facebook目前都在智能聊天研究方面有突破性进展，能够更好地探索人类与设备之间更为自然、流畅的交互方式。前文提到的沙特阿拉伯第一个授予公民身份的Sophia，就已经在这智能聊天研究方面取得了巨大的成功。

2.人脑交互

目前，众多人工智能技术应用企业正在全面研究如何让机器人替代人类做简单而重复性的事情，具有这方面功能的机器人是需要为其进行相应的指令设置的。而人脑交互实际上是通过人类的脑电波与机器之间进行交互，这就意味着我们一旦想做某件事情，机器人就知道了我们内心的想法。

★人工智能问题思考★

人脑交互过程中机器人是否会窥探人类的隐私?

人脑交互看上去是智能机器人已经具备了强大的读取人类思维的能力，能够解读人类内心深处的真正想法，这样会使人类对于机器人窥探人类隐私的问题产生一定的恐慌。其实，我们大可不必因为智能机器人拥有这项强大的读取人类思维的能力而担心自己隐私的安全性，因为在研发机器人人脑交互功能之前，研发人员就想到了这一点，并想方设法杜绝这样的情况出现，因此会提前对其读取的范围进行设置，这样人类的隐私就不会受到威胁。

目前，人脑交互技术的应用可以为残疾人带来极大的帮助。

英国著名物理学家斯蒂芬·霍金的去世像一颗巨星一样陨落，让全球人民悲痛不已，然而我们在缅怀巨星，感慨其为人类做出巨大贡献的同时，也不得不对与霍金形影不离的轮椅的强大功能而感到惊奇。

这台让人称奇的轮椅为霍金的日常生活和工作带来了极大的帮助，使得霍金的所有想法和思维完全通过这台轮椅进行沟通。它就是可以让残障人自主控制的电动轮椅，它是以强大的人工智能技术作为支撑，是脑机接口赋能后的人工智能产品。该台轮椅不但能够将人的思想传送到语音合成器，还能与人类进行交流。同时，如果使用者有什么话要说，可以通过轮椅所设计的软件进行探测，并向语音合成器传输指令，替代使用者“发声”。除此以外，还能帮助所有使用它的人进行信息追踪、编辑、写作等，这便是人脑交互技术的应用。

如今人机交互已经成为一种离我们生活很近的现实，相信未来人工智能领域在人机交互方面的研究和应用还会有更大的突破。

人类社交进入4.0时代

自从进入移动通讯时代，人类的社交方式发生了巨大的变革，从传统面对面的方式转向电话、短信息交流。然而互联网的出现，又使得电话、短信息交流的方式转移到了线上社交平台。随着人工智能技术的出现和在社交领域的广泛应用，人类又以全新的方式建立人与人之间的社交关系，人工智能与社交媒体的融合，为社交领域带来了更加光明的发展前景。

在过去，社交成本是非常高的，需要花费足够的时间以及金钱（电话费、短信费），而人工智能的出现，则使得社交方式变得更加简单、容易、高效、低成本。

如果说传统的社交方式是1.0时代，那么电话、短信息交流方式就是2.0时代，社交媒体的出现使得人与人之间的交流方式进入3.0时代，而人工智能与社交媒体的融合则使得人类社交进入了4.0时代。

人工智能与社交媒体的融合可谓是浑然天成。人工智能不再仅仅针对一些基础设施或取代一些低级的人工操作，而是借助计算机感知、学习与模拟能力，从思维、感知、行为三个方面与人的智能进行接轨。这样的接轨则完全打破了手机和互联网、移动互联网的高度普及，向更高的社交层次迈进。

当下，在社交媒体中融入人工智能技术已经是不可逆转的趋势。由于当前的社交媒体越来越注重平台入口的发展定位，而人工智能有助于嵌入入口更多的应用和交互方式，从而提升了社交媒体平台入口的吸引力。

与此同时，人工智能有助于社交媒体平台入口融入触屏、语音、图片、手势等不同交互方式，形成多元化输入模式，不但使得社交媒体在很大程度上体现出前所未有的智能化特点，而且有效拓宽了入口口径，在提升用户黏度的同时也增加了进入入口的流量。

在社交媒体与人工智能结合方面，最引人注目的就是今日头条。今日头条从智能推荐走向智能社交，是人工智能在社交领域应用的一大创新。今日头条用人工智能重构明星、内容创作者和粉丝之间的关系，打通了获取流量、获取粉丝、内容变现的三级通道，让社交媒体的发展进入一个全新的时代，也推动了人类社交进程向4.0时代迈进。

今日头条在引入人工智能技术之后，借助人工智能技术的算法分发机制使得每位内容创作者都可以通过“流量—粉丝—付费用户”这个漏斗进行一一筛选，定位自己最忠实的粉丝。当发布内容之后，内容原创作者以此获得流量。当用户对原创作者的内容高度认可时，就可以对该原创作者的内容进行付费订阅，而原创作者也因此能够沉淀大量粉丝。此外，每个头条用户也可以在人工智能推荐技术的帮助下，快速找到与自己兴趣相投的人，从而形成属于自己的社交圈子。从引流的角度来看，今日头条结合人工智能技术后，其“泛社交”的优势是显而易见的。

可以说，今日头条在人工智能技术的帮助下，对于那些优质的内容而言，能够加剧用户聚集，缩短“走红”时间。人工智能技术融入社交媒体，成为社交进程中的下一个风口。

第五章

意识觉醒：

人机共生是大势所趋

IBM Watson研究中心的科学家、国际人工智能联合大会（IJCIA）前主席Francesca Rossi教授曾这样说过：人机共生是未来人类使用AI的最好方式。这句话很好地说明未来在人工智能领域，人机共生最具发展前景。的确，在未来，人工智能与人类协同发展，将为各行业带来巨大的商业价值，这也是未来人工智能发展的趋势。

人机共生不再是神话

相信很多人都喜欢看科幻影视，尤其是对科幻影视中充满神奇力量的人工智能机器人惊叹不已。与此同时，也会对未来的发展充满了憧憬与渴望，希望这神话般的人机共生场景能够变为现实。

如今，随着科技的不断发展，原来人们眼中的人工智能机器人已经屡见不鲜，人机共存也成为当前让人为之兴奋的现实，推动着人类历史的脚步快速前行。

人类与人工智能构建命运共同体

自从谷歌打造的阿尔法狗以4：1的成绩打败围棋世界冠军之后，更多的科学家、团体、机构、企业、国家投入更多的人力、物力、资金去研究人工智能对人类发展的影响和作用。

从当前人工智能在全球各领域中的应用情况来看，越来越多的人工智能机器人在不同的领域中充当着“协作者”的角色帮助人类完成各种各样简单的、重复性强以及人类难以胜任的工作。从这一层面上看，人类与人工智能机器是以一种和谐发展、友好共存的方式存在的，人类与人工智能构建命运共同体，打造和谐共生的发展局面，要体现在以下两方面：

1.推动物质层面上的发展

在人工智能时代，机器替代人类24小时不停工作，能够以低成本持续不断地创造出更多的商业价值、经济价值，对于整个人类社会而言，其价值和意义都是不言而喻的。与此同时，当人类会拿出更多的资金去投向人工智能的研究和应用，进而将人工智能技术推向一个更高阶段，并更好地为人类未来的发展服务。

2.推进科技层面上的共同发展

人工智能本身就是人类文明的一部分，人工智能的不断发展就是人类科技不断进步、发展的体现。不论人工智能未来的发展如何，其在人类历史中的出现就为人类的发展起到了极大的推动作用。

基于平等、理性的共生

“人工智能具有像人一样思考的能力”，这是我们对人工智能最初级的了解，同时也向我们诠释了人工智能的潜在价值，即不但可以替代人类劳动，还可以“想到”你接下来将要做什么。

未来，人工智能机器将更“懂”人类内心深处的想法。试想一下，当你搭载无人驾驶汽车准备出行时，它已经“推算出”你本次出行的目的地是哪里。

既然人机共存是未来的发展趋势，那么在面对人工智能机器更“懂”

人类的时代，我们将如何迎接这个人机共存呢？

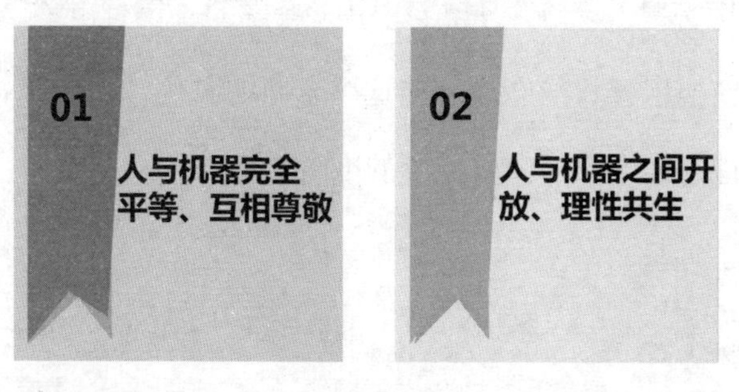

人工共生模式

1.人机和谐共生

在人类社会中，要想实现和谐共处，就需要每个人都建立在平等基础之上，相互尊敬。而在人机共生的时代，同样需要建立一种平等、开放、包容的心态。但有一点需要注意，即人类必须为机器人设置禁区，在与机器和谐共处的时代，对于开发机器人的情感和意识方面，应当持有谨慎的态度。

2.人机开放、理性共生

在人工智能技术爆发的今天，人工智能具备像人一样的思考能力，当人工智能有足够的能力感知到周围的环境中与道德相关的事情或情况，并且能够选择自己的行为时，那么它就是一个具备道德能力的道德行为体。

比如当一辆无人驾驶汽车在路面上行驶时，突然从侧面穿过一个行人，此时它会感知到眼前闪过的是一个人，而不是一根香蕉，这样它就会通过自己的判断选择要停下来还是继续前进。但是如果这个“当事人”在千钧一发的时刻出现了决策失误，作为无人驾驶汽车的“代理人”，我们是否需要为人工智能承担责任？如果承担这份责任，对用户来讲是否有失公平？

这些问题都是在人工智能应用中应考虑的，因此，在人机共生的时代，我们既应当以开放的态度迎接这个全新的时代，在法律、制度政策、价值观、伦理这四个方面做好相应的准备工作。

人机共舞时代，人类扮演重要角色

人工智能已经全面进入红利期，在各个领域“润物细无声”地发挥巨大的潜力，创造出巨大的价值。但无论人工智能如何发展，都是为人类所服务，成为人类改造世界的全新工具，也由此使得人机共舞成为这个时代的一大特色。不过，人类在其中扮演了重要角色，起到了主导作用，人工智能则只能作为一个“助手”发挥作用。

重新定义人类存在的意义

从当前势不可挡的人工智能发展势头来看，未来人工智能在人类社会中出现的频率将会大幅提升，人类部分工作岗位被人工智能取代是必须面临的挑战。与此同时，未来人工智能服务型领域具有巨大的发展潜力。

每一次科技的变革都代表的是人类社会的进步，在这些变革的背后，人类较以往而言，存在的意义也发生了巨大的变化。

可以说，人工智能的发展史中，每一个不同的发展阶段，都在重新定义人类存在的意义。

随着第一台珍妮纺纱机的出现，机械式生产方式取代了手工劳动，使我们不得不接受机器生产大于手工生产的优势。随着人工智能技术的出现以及越来越多的人工智能产品的诞生和应用，使我们我们不得不重新审视人类存在的意义和价值。

我们不妨将人类历史倒推回古代，那时候虽然人们没有高科技，但他们将自己人生中的宝贵时间投入到工作中，“用自己双手劳动赚钱养家并换来更加美好、幸福的生活”成为他们唯一的工作理由，并为这一目标的实现而感到快乐。

而如今，人工智能能够胜任很多人类的工作岗位，这样我们能够有更多的时间去自由自在地去做自己最喜欢的事情。显然，这种工作与以往“以赚钱为目的”的工作在本质上有很大的区别。以往的工作是为了生计而工作，人工智能时代的工作是为了兴趣、爱好而工作。人只有在自己喜欢的事情、工作上才能全身心地投入，最大限度地挖掘自己的巨大潜力，创造出更大的社会价值，这也正是人工智能时代人类存在的真正意义所在。

人机融合，人类始终是领导者

纵观整个人类发展史，我们不难发现，其实人类发展史就是人类不断学习使用工具、制造工具和发明创新的历史。然而，人类永远不会满足于现状，人类探索世界、探索科学的脚步永不停歇，当前，全球范围内正在投入研发的人工智能机器/设备越来越多，智能手机成为了与人类生活息息相关的忠实助手；无人驾驶汽车的出现解放了人类双手的同时，更具安全性；很多工作岗位被人工智能机器人所取代，但同时又涌现出更多全新的岗位……人类在人工智能时代的生活，较以往任何一个时代能够更加舒适、智慧地生活。

然而，无论当前人工智能的发展多么让人称奇，人机共融的程度多么让人吃惊，人类始终是人机共融时代的领导者。人类智能始终主导人工智能持续发展和创新，而人工智能也会“辅佐”人类不断提升自己的智慧。

当前，人工智能机器人的市场堪称最大。人工智能机器人不仅在制造业发挥巨大作用，也是全球制造业实现科技创新的重要标志。只有原创性的智能科学技术才能使机器人产品更具市场潜力，而实现智能科学技术的原创，也只有我们人类能够做到。

既然领导者地位非人类莫属，那么人类应当如何才能保证自己始终在人机融合过程中的领导者地位呢？

要知道，人工智能中，机器通过不断学习、观察等方式执行特定的动作，并相应地调整自己的行为，一旦这种学习能力达到一定阶段，人工智能将很有可能出现不可控的现象。对此，人类担心“自己的领导者地位是否会被颠覆”。其实，我们大可不必为此而忧心忡忡，因为对于我们来讲，人工智能所带来的挑战是可以通过编程来解决的，即中断或改变人工智能的学习过程。

为了能够更好地理解这一点，这里以无人驾驶汽车为例。当无人驾驶汽车在道路上行驶的时候，车内的驾驶人员可以随时接管无人驾驶汽车。这就意味着人类可以随时通过“安全可中断”的方式来中断人工智能的学习过程，同时还能保证中断不会改变机器学习的方式。

无人汽车

其实，这个过程中，人类就像是在编程的过程中为机器的学习算法添加了“遗忘”机制一般，从根本上删除了人工智能机器内存的一部分。换句话说，就是研发人员在研发的过程中改变了机器的学习和奖励系统，使人工智能机器不受中断的影响，之后还依旧能够很好地运行和工作。

是助手不是对手

近年来，人工智能的发展速度和在各领域中的广泛应用已经远远超出人类的想象。人工智能正在以相当快的速度在一个个领域“攻城略地”，这让很多人认为人工智能的出现无异于是人类当前最大的敌人和对手。

其实，人类之所以对人工智能心存芥蒂，并将自身处于巨大的不确定性和风险当中，主要是因为人工智能发展速度之快使得很多人还未来得及从根本上了解人工智能的真正价值，目前各国也没有制定出切实可行的政策、法律法规来约束人工智能的不利影响。因此，我们有必要对人工智能以及其应用对人类造成的影响进行全方位的价值反思。

综合来看，其利还是大于弊的，其价值如下图所示：

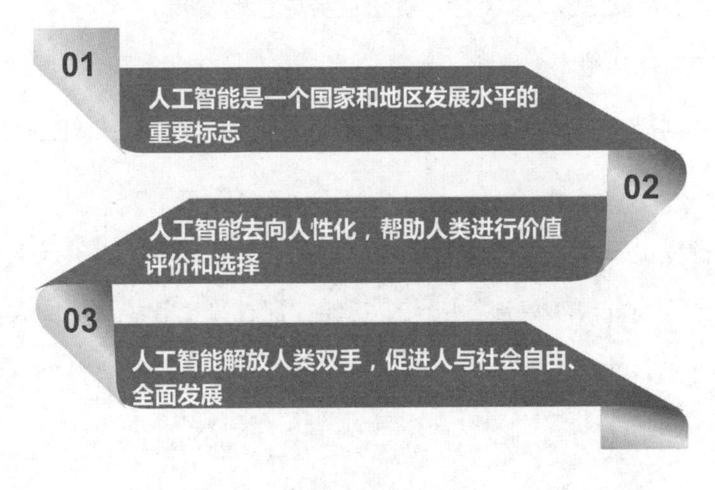

人工智能的价值

具体表现在：

1.人工智能是一个国家和地区发展水平的重要标志

人工智能的出现，为我们带来了一个高度智能化的社会，并在全球范围内不断向各领域渗透，使得传统产业向智能化转型，由此带来了全新的经济增长点。与此同时，也使得社会运行更加高效。毋庸置疑，人工智能时代是人类发展史上前所未有的高科技时代，社会发展智能化成为了当前评判一个国家和地区发展水平高低的重要依据。

2.人工智能更人性化，帮助人类进行价值评价和选择

一个国家的工业发展状况代表着一个国家整体经济发展水平和能力。人工智能的出现有效替代人类从事一些复杂、单调、危险、有害的工作，成为了人类不可或缺的合作伙伴。这使得生产过程更具人性化特点，人工

智能成为了人类倚重的参谋和助手，为人类提供服务，辅助人类完成各项工作。这也是人工智能存在的价值。

3.人工智能解放人类双手，促进社会更好地发展

人工智能从根本上解放了人类双手，让人类有更多自由支配的时间发挥自己的创造才能，体现自己的人生价值。也为促进社会更好地发展带来了可能。

基于以上三点，我们深刻地认识到了人工智能之于人类发展的重要性，如果人类能够很好地驾驭人工智能，那么人工智能将会为人类社会造福。可见，在人工智能的时代，人工智能对于人类而言是助手而不是对手。

正如以色列新锐历史学家尤瓦尔·赫拉利创作的科技理论类著作《未来简史》一书中所讲："万物互联网"只是可能性，而非预言。作为地球万物的主宰者，我们当下应该做的就是享用和驾驭人工智能，将人工智能作为我们的助手而不是对手，让人工智为人类服务。

第六章

大浪淘沙：

人工智能时代，谁主沉浮

与人工智能过去的发展情况相比，如今的人工智能已经跨越了概念阶段，走上了蕴含巨大价值的商业化道路。然而，数不尽的企业和劳动者在这场大浪淘沙中被淘汰，同时也有不少企业和劳动者恰好走在人工智能技术研发的最前端，成为人工智能时代的弄潮儿。人工智能时代，谁能够迎合人工智能技术的发展，谁能够积极拥抱人工智能，谁将成为这个时代的巨大受益者。

风口之下被淘汰的出局者

正像人类历史的发展规律一样，人工智能作为一种创新技术，在推动人类历史发展的同时，必然会引起一场巨大的变革。在这场变革中，可谓几多欢喜几多忧愁，有人因为人工智能技术而成为社会中的高科技劳动者，站在了劳动者等级金字塔的最顶端，也有人因为人工智能技术从原本光鲜的行业中沦为低技能劳动者，面临被淘汰出局的可能。

人工智能浪潮下的跟风“虚胖者”

据美国研究公司Tractica的报告显示：预计到2030年，全球的人工智能市场规模将扩大到3671亿美元。在2017年，人工智能的市场规模约为100亿美元。这意味着人工智能的市场将会增长36倍之多。并且人工智能的主战场将转向人工智能软件、人工智能硬件以及人工智能业务。

对于我国人工智能的发展前景，有关数据显示：2017年国内人工智能投资金额再创新高，达到了10.3亿美元。预计2016年至2020年，国内人工智能市场规模年均增长达到50%。2020年，中国人工智能市场在全球市场中所占的比例将达到7.6%。其中，机器人成为新一轮投资热点，市场规模获将迅速发展至万亿数量级。

以上这些数据无不向我们透漏出一个信息：未来人工智能的市场潜力巨大，将成为全新的投资热点和方向，尤其是我国人工智能领域，更有巨大的价值待挖掘。

人工智能技术不但关乎一个国家的工业发展状况，而且还对国民经济的发展起着极其重要的作用，因此使得人工智能技术在诸多领域中都有应用，如医疗、教育、国防等领域。所以，人工智能技术吸引了众多投资者的目光，使人工智能呈现出一片繁花似锦的景象。

仅从我国的人工智能发展情况来看，我国发展人工智能具备以下几个优势：

■国家和政府高度重视人工智能的发展。除了民营企业在代表高科技的人工智能行业大量注入资金以外，国家层面的推动也起到了巨大的作用。

■国家对人工智能的发展给予高度支持。国家颁布的政策对人工智能技术和新经济的高度支持。

■创业者年轻且思想活跃，具有敢于冒险和接受新事物的精神。

■我国拥有庞大的数据库，并且国家也在积极制定相关政策，加快数据共享的实现速度。

基于这些优势，使得我国在人工智能领域正出现一系列新动态，如投资并购密集化、人工智能应用广泛化、人工智能服务专业化、社会影响大众化等。从人工智能的应用层面上看，智能机器人、认知专家顾问、机器学习、自动驾驶汽车等热门技术的蓬勃发展使得布局人工智能领域的企业愈来愈多。

以下是2018年3月，由中科院《互联网周刊》和eNet研究院联合发布了“2017年度人工智能企业百强”排名前十的名单：

“2017年度人工智能企业百强”排名前十的名单

排名	企业	领域
1	百度	开放的人工智能服务平台
2	阿里巴巴	互联网综合服务提供商
3	腾讯	互联网综合服务提供商
4	华为	人工智能自动化业务、智能芯片
5	平安集团	人工智能金融研发平台
6	搜狗	综合人工智能解决方案平台
7	科大讯飞	智能语言技术提供商
8	华大基因	多组学精准检测、医疗数据运营服务提供商
9	珍岛集团	SaaS级智能营销云平台
10	中科创达	智能终端平台技术提供商

但在众多企业中，不但有榜上有名的百强企业，也有不少盲目跟风者闯入人工智能领域。这些盲目跟风者带着“期望”走向人工智能领域，却随后带着“幻灭”离开。因为它们往往连人工智能的概念还没有摸清、摸透，或者人工智能尖端人才方面还有所欠缺，就开始打人工智能的擦边球，甚至直接采取“拿来主义”，这种急功近利的表现，使得盲目跟风的企业成为了“虚胖者”，在借助人工智能创业的过程中危机四伏，甚至经常被淘汰出局。

有人因为不少企业在追逐人工智能的过程中失利，认为人工智能有泡沫，实际上它的外面是包了一层泡沫的壳，而这个“壳”就是这些盲目跟风者在盲目投资过程中给人工智能带来的高估值。

因此，企业要想强化自身的市场竞争力，需要全面了解人工智能的战略投资点，并且在高端人才甚至是尖端人才的推动下，才能进一步借助人工智能技术改善企业运营环境，达到盈利的目的。

无疑，在人工智能时代，只有具备专业技能和领军高科技人才的领军企业，才能够真正把资源长期不断投入到人工智能科技进步的层面上来，实现技术层面的进步。

技能行业受到避无可避的冲击

每一轮新科技的变革都会导致大量劳动力被淘汰出局。人工智能作为当前最具潜力的一项科技，导致越来越多的人下岗：无人驾驶汽车来到了我们身边，专业司机将面临失业；银行也越来越多地引入自动操作机器，使得不少人员面临失业的威胁……

在这个前沿科技应用高度普适化的时代，我们要么选择加入浪潮，掌握先进的人工智能技术，成为受益者，要么成为被人工智能无情地抛弃。

以人工智能技术在航拍、无人驾驶领域的应用为例，抢占了司机和航天驾驶员的饭碗，给他们带来巨大的职业威胁。

显然，无论是司机还是航天驾驶员的驾驶技术，他们与人工智能技术相比，则是“小巫见大巫”，属于低技能行业。在未来，类似于司机、飞机驾驶员这类技能行业将受到人工智能技术的冲击。简言之，一些简单、重复性的工作会被机器所取代。

那么具体哪些职业人员会最先受到人工智能的冲击呢?

在一项《人工智能时代的未来职业报告》中提出了一个“五秒钟准则”，并强调：一项工作如果人可以在五秒钟以内对工作中需要思考和决策的问题做出相应决定，这项工作就有非常大的可能被人工智能技术全部或部分取代。换句话说，也就是那些通常代表了低技能的职业、可以实现“熟能生巧”的职业，都会成为人工智能时代受到冲击的职业。

根据这个“五秒钟准则”，可以对低技能职业进行划分，如司机、保安、客服、家政、保姆、翻译、教师、银行出纳等职业都在人工智能所取代的职业范畴内。

在实际情况下，人工智能已经成为了那些每天进行重复性工作职业人员的替代者。例如天猫客服每天都要为众多消费者答疑解惑，包括“产品质量如何？”“产品会不会褪色？”“产品何时发货？”……这些问题对于人工客服而言，解答轻而易举。所以像客服这样的行业是未来易被人工智能取代的行业。

以建筑行业为例。建筑行业作为一个服务型行业，同样会因为人工智能的出现和不断渗入而受到巨大的冲击。

在过去，建筑行业最伟大的建筑如万里长城等，都是由人工劳动者完成的，我们在对这些伟大建筑称奇的同时，更有对劳动者的敬佩，因为能够在当时机械化程度并不是很高的秦朝修建成这样雄伟的建筑，堪称奇迹。

当前，随着机械化、自动化技术的不断提升，很多高难度工作已经由机械完成。尤其是人工智能的出现，使得许多建筑工地已经开始使用无人机或其他增强现实设备，材料传感器在建筑行业中也进入实验阶段。虽然当前这些还没有正式投入到实际应用当中，但人工智能对建筑行业中建筑工人的影响是极其巨大的。

2018年1月，美国预制建筑开发商Katerra获得来自软银集团领投的8.65亿美元巨额投资，以期在建筑行业实现人工智能应用方面取得巨大的突破。这一投资只是预制建筑技术快速发展的一个缩影，较传统建筑施工方法而言，其具有多方面的优势：成本低、效率高、更环保。也正是因为这些优点，使得人工智能技术在建筑行业中应用并取代建筑工人的工作，成为未来建筑行业的主流。

有专家预测，到2025年，承包商将用机器员工来替代人类完成项目任务，用智能化机器充当人类手臂，传感器充当地面上的眼睛、无人机充当天空中的眼睛对工地进行检测和控制。所有这些，都表明人工智能已经将建筑工地变成了一个自动智能体系，并且以我们想象不到的速度和精准度来完成建筑工作。

★人工智能问题思考★

未来如何保住“饭碗”？

人工智能到来之前，人们总是不以为然，认为只要自己在工作领域掌握的技能更加精、专，就能保住自己的“饭碗”。然而，人工智能的出现彻底打破了人们的这种自以为然的观点。

眼下，我们会发现，其实没有绝对安全的行业，也没有绝对安全的岗位。因为变革常在，创新常在。人工智能的出现，使得我们的“饭碗”受到了威胁，使得我们不得不警醒，并且做出至关重要的决策迫在眉睫：是做跟跑者，还是做领跑者？用什么方法才能保住“饭碗”？

人工智能代表着时代进步、科学技术的发展，人工智能的出现和应用是大势所趋，我们无法阻止它，但我们可以从自身问题出发，学习与人工智能相关的新技术、新技能，学习更具创造力和个性化的技能，以此增加自己的竞争力，同时赢得更多的机会。

在人工智能时代，低技能行业受到巨大的冲击是必然的，因为人工智能变革整个人类社会的目的就是让人类社会向着更高阶段、更具前景的方向前进。低技能行业在此时成为了人类社会前进过程中的阻碍，自然会被淘汰。而作为低技能行业的劳动者来讲，唯有努力跟上时代的脚步“充电”，才能减少被淘汰的风险。

踩在人工智能浪尖上的弄潮儿

如今，人工智能技术能够帮助甚至替代人类完成一些工作，要想成为人工智能时代的弄潮儿，哪些职业和公司才最有潜力呢？

人工智能时代更具潜力的科技新贵

人工智能在我们生活中应用越来越广泛，势必使得我们未来的生活越发自动化、智能化，在淘汰掉低技能人才之时，也会为高技能人才打开宽敞的大门。具体来讲，以下三种职业在人工智能时代将成为三类最具潜力的“科技新贵”（如下图）：

未来的“科技新贵”

1.人工智能培训师

人工智能在人们的生产、工作、学习中得到普及，离不开培训师。

一方面，培训师需要优化自然语言处理器，让机器人也能像人一样“说人话”。比如客服机器人，它们在接受培训的时候，就应当学会如何才能进行复杂的对话，并用人类的表达方式来交流，甚至能够从对话中听出“潜台词”。

当前，雅虎的人工智能培训师正在教机器人如何听懂人们在交流过程中一语双关的“潜台词”。工程师们目前已经开发出了一台能够识别反讽语言的算法，具体在机器人与人现实交流过程中，其识别的精准率达到了80%。

另一方面，机器培训师还需要帮助人工智能建立同理心。当前的人工智能能够实现与人沟通，是建立在信息传导的基础上的。在交流的过程中，人工智能的表述方式要想更加体现出“像人类一样”的特点，就应该具备同理心。建立同理心的目的就是把情感因素融入到交流的过程中。这种能够懂得喜怒哀乐的人工智能，才是人类真正想要的人工智能。

当前，纽约的一家初创公司Kemoko，其主要的业务就是训练人工智能机器进行学习，这种学习主要集中在语音助手方面。如果你告诉人工智能，你的手机不小心丢失了，经过同理心培训的人工智能不但会主动为你提供寻物启事，还会向你表达出怜悯之情，也可能会给你讲个笑话，逗你开心。

2.机器人运维者

机器人同样和传统的机器设备一样，需要定期进行运维，以保证能够无故障、高效运行。机器人运维的范围与传统的机器设备运维相比，其范围之广，远超我们的想象，也由此带来诸多全新的岗位。随着机器人的不断普及，未来我们可能需要大量的人来做“道德合规”的工作。

比如，负责信用审批的人工智能系统，就很可能因为地域性或种族的不同而产生歧视现象。假如仅仅希望通过算法改变这种现状，人工智能根本没有办法意识到这个问题，从而进行自我纠错。这个时候，就需要道德合规师对人工智能进行人工干预。

当前，在机器人运维领域，已经出现了这种道德合规师的职业。有公司发现，当人们在搜索“和谐的家庭”时，搜索算法给出的反馈中全部都是白人和谐家庭的图像。这个时候，就需要道德合规师和程序员共同合作，进行算法的纠错，从而去除这种种族歧视的现象。

3.机器语言翻译官

未来，能够更好地理解人工智能的运作，已经成为人们对人工智能产生信赖的刚需。正如我们在选购一件商品之前，都要仔细了解一下产品的成分、保质期等信息才会决定是否购买。企业在采购和使用人工智能机器之前同样需要对人工智能机器有一个全方位的了解。

机器语言翻译官将会成为企业与技术专家之间相互沟通的桥梁。当人工智能在各领域中的应用逐渐普及的时候，人工智能商业化进程也逐渐加快，此时就需要特定的机器语言翻译官，向企业主清楚地解释人工智能系统究竟是如何运作的，这样他们在详细地了解之后才会决定是否采购和使用这种人工智能机器。

显然，机器语言翻译官是为产品运营服务的。

未来什么公司最有价值潜力

在人工智能技术的普及推广中，对于各企业来讲，不论是高端、低端，传统行业、科技行业，身处激烈的市场竞争当中，只有那些具有创新能力并能一直保持领先地位的公司才能留下来并走得更远。

那么未来什么样的公司最有价值潜力呢？

未来最具潜力的企业

1.具有应用场景的企业

现阶段，人工智能正在从专有人工智能向通用人工智能过度，在这个过程中，算法、计算力、数据、互联网等都能驱动人工智能不断发展，而应用场景则成为人工智能未来重要的驱动力量。在通用人工智能阶段，人工智能技术已经不仅限于模拟人的行为，而是向“泛智能应用”层面拓展，即向着能够更好地解决问题、有创意地解决问题、解决复杂问题这三个方面推进。在通用人工智能阶段，场景驱动不但可以针对不同用户提供个性化服务，而且可以在不同的场景下构建不同的决策并加以实施，最终实现“给予决策支持”的目标。所以，在未来的人工智能时代，场景应用是人工智能得以更好生存的关键。

而对于未来的公司来讲，要想拥抱人工智能，要想让自身在人工智能时代能够更具价值潜力，就必须拥抱“应用场景”。

2.能够持续创造价值的企业

企业本质上就是为了创造价值而生的。人工智能的出现能够帮助企业更好地提高运行效率，降低运行成本。因此，从企业发展的角度来看，企业需要进行文化的升级和品牌的升级，才能让自身不断创造出更多的价值。未来，人工智能的市场前景有多大，是看有多少企业能够借助人工智能技术来实现自我升级，以及对企业的使命以及文化进行再次升级。

企业创造价值的方式不同，也使其能够存活的时间长短有所不同，如果有一天企业创造价值的手段落后于当前所处的时代，那么企业就会面临被淘汰的威胁。因此，在未来，能够源源不断产生价值的企业，才是最符合人工智能时代发展要求、最有发展潜力的企业。

3.有持续技术创新能力的企业

当前，整个社会技术迭代速度相当快，这样对于那些高科技企业而言，犯错成本也就越来越高，一着不慎就很有可能被淘汰。

但并不是所有企业只要拥有人工智能就能拥有辉煌的发展史。不论何种行业的企业，尤其是那些自身发展与技术息息相关的企业都会用到人工智能的相关技术，这些企业需要面向一些垂直行业、垂直领域和细分场景，通过算法和数据构建自身优势，通过这些优势进行技术迭代来助力整个人工智能的发展。只有这样才能形成良性循环，不但推动了人工智能技术整体的发展，还提升了企业拥有持续创新的能力，这样的企业才能在未来的人工智能时代“活”得更好。

总之，在未来人工智能时代，能够更好地拥抱人工智能，并且能在市场中取得强大竞争力的企业，就必定是那些看重应用场景、能持续创造价值、有持续技术创新能力的企业。

第七章

热潮下的冷思考：

传统、初创企业发力AI当如何破局

人工智能发展如火如荼，在全球范围内，机器人产业的发展水平成为衡量国家和企业科技发展水平的重要指标。对于传统企业和初创企业来讲，如果不能和人工智能有效接轨，就意味着企业科技发展水平处于落后状态。但是传统企业和初创企业应当如何发力人工智能？切入点在哪里？这些成为人工智能热潮下众多传统企业和初创企业需要冷静思考的问题。

传统企业寻找转型破局

2017年7月20日，国务院印发了《新一代人工智能发展规划》，并且明确了我国新一代人工智能发展的战略目标：

到2020年

■人工智能总体技术和应用与世界先进水平同步。

■人工智能产业成为新的重要经济增长点。

■人工智能技术应用成为改善民生的新途径。

到2025年

■人工智能基础理论实现重大突破。

■部分技术与应用达到世界领先水平。

■人工智能成为我国产业升级和经济转型的主要动力。

■智能社会建设取得积极进展。

到2030年

■人工智能理论、技术与应用总体达到世界领先水平，成为世界主要人工智能创新中心。

从《新一代人工智能发展规划》中可以看出，我国在人工智能的发展和应用方面其战略目标的明确性，说明了我国政府对大力发展人工智能的决心。在这样的大环境下，传统企业如果依旧无动于衷，终将会被那些积极拥抱人工智能的企业取代，所以，对于传统企业而言，转型迫在眉睫。

突破产业升级瓶颈

企业拥抱人工智能的重点是要打造应用场景，因此，传统企业在人工智能时代进行破局，还需要从应用方面入手，寻找突破产业升级瓶颈的方法。

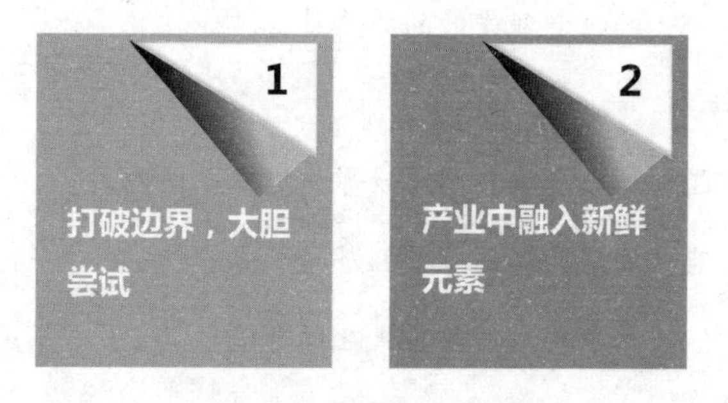

企业在人工智能时代“破局”

1.打破边界，大胆尝试

传统企业在进行产业升级之前，首先就要打破边界，大胆尝试，最需要做的就是利用人工智能资源提出创新营销。如加入人工智能小程序、借助人工智能社交平台推广、加强宣传等。但传统企业在长期运营过程中形成了固有的运营模式，要想在短时间内全部推翻是很难的，因此传统企业就需要下定决心打破边界、大胆尝试新的运营模式。

2.产业中融入新鲜元素

传统企业想要实现转型，更需要积极融入新鲜元素，才能便于与人工智能快速接轨，进而实现产业升级。比如一家餐饮连锁店，可以融入在线点餐系统、机器人服务员等，以提高消费者的用餐体验；家装行业企业可以结合人工智能技术和VR技术，通过沉浸式体验让用户更加立体、直观地感受到房屋设计方案给自己带来的震撼感……

当然，传统企业要想进军自己并不熟悉的人工智能领域，不但要考虑和在人工智能领域中已经取得一定成果的企业合作，还应当具备判断和选准合作伙伴的能力。

以汽车行业的龙头企业奥迪为例。在面对人工智能来临时，奥迪确定了向人工智能转型的战略，成立了全资子公司奥迪电子联合公司（AEV）。通过AEV与供应商、研发伙伴以及其他行业的参与者共同创建多渠道、广泛的人工智能创新网络。

事实上，AEV可以看作是一个驱动奥迪开发创新网络的“发动机”，AEV与全球拥有人工智能先进技术的企业寻求合作，从而实现电子与软件领域相关的技术创新。

在该创新网络中囊括了美国硅谷、欧洲和以色列的热门公司，其中不乏许多知名企业，如硬件系统开发的领先企业英伟达、全球图像识别领域的领先企业Mobil Eye。同时，奥迪还和全球大学、小型科研机构合作，共同促进向人工智能技术的产业转化。在与众多伙伴的合作下，奥迪打造出了一种基于“深度学习”的汽车模型。该模型拥有一个可以让车辆自己找到停车位的系统，极大地提高了车辆的智能化，意味着车辆在没有驾驶员的情况下，能够了像人类一样进行停车操作。

除此以外，奥迪还与众多人工智能技术相关企业合作，共同打造了一个基于人工智能技术的“超越计划”，从驾驶道德、法律等方面对无人驾驶进行完善，实现了真正的“像人类一样驾驶”。

奥迪在向人工智能转型的过程中融入了新元素，用全新的生态系统取代了传统的汽车产业生态系统，从而在汽车行业中赢得了商业价值和用户价值的双重提升。

奥迪的转型方式和方法为传统企业做出了表率。可见，只有融入人工智能这样的新鲜元素，才能使传统企业获得更多的商机，获得更加美好的发展前景。

高水平人才是向人工智能技术的关键

通常，判断一种技术是否具有发展前景，从其应用于一个产业后能否为该产业带来繁荣就知一二。然而一项技术能否更好地应用于一个产业，人才是关键。由此类推，“人”的作用能够帮助人工智能技术很好地融入传统企业，实现快速转型。换言之，高水平人才是传统企业向人工智能转型的关键，更是为传统企业转型人工智能后能够长期稳定发展提供了保障。

人工智能本身具有技术属性，在人工智能技术人才的推动下，使得人工智能为传统行业赋能，因此出现了自动驾驶、智能安防、智慧教育、智慧金融等新业务、新模式，推动了人工智能落地的规模化应用。

那么传统企业如何获得人工智能领域的高水平人才呢？

1.促进高水平人才的培养

由于到目前为止，人工智能技术的发展最大的挑战还是人才的短缺。因此，人工智能人才是该领域中短板中的短板，复合型、战略型人才匮乏。因此，大力促进高水平人才的培养是传统企业迈向人工智能的关键一步。

小米公司作为一家移动互联网企业在人工智能时代来临之际，积极拥抱人工智能，并加大在人工智能高端人才方面的培养力度。

2018年4月25日，小米公司与武汉大学人工智能联合实验室举行了签约仪式。在此次合作中，小米公司为联合实验室提供1000万元人民币的研发经费，用于联合实验室人工高智能方面的研究和人才队伍建设，在为武汉大学师生提供最前沿专业知识和实践机会的同时，更为小米公司培养和输送高素质人工智能专业人才打下基础，为小米进军人工智能领域打造坚实的人才基础。

2.大力引进高水平人才

与人工智能产品生产周期相比，人工智能技术人才的培养周期则更长。因此，现阶段传统企业为了快速实现转型，当务之急是要借助高端人才所掌握的前沿基础理论、关键性技术、创新平台等知识和渠道，快速将人工智能融入传统产业当中，加速部署人工智能创新体系，从而推进产业企业的智能化升级。

总之，传统企业转型，离不开人才的推动力量。培养与引进相结合，才能形成传统企业在向人工智能转型过程中的人才高地。

全局把控，打破中小型企业的转型困局

2017年至2018年，人工智能技术在全球范围内形成一股热潮，无论是大型传统企业还是中小微企业都希望能够抓住这次机遇，成为人工智能时代的佼佼者。

但是相比于大型企业，中小微企业要想实现转型则更是困难重重。高额的试错成本和风险，让中小微企业处于“买单”成本太高、不“买单”就会被时代无情抛弃的境地。总之就是不拥抱人工智能，只有死路一条；承受试错成本高的风险，兴许还能重获一线生机。

目前，中小微企业向智能化转型，呈现出两种趋势：

一种是很大一批中小微企业受牵制于处于上下游的合作厂商，不得不去转型。

另一种是部分企业希望通过尝试转型，从而把自己带到一个全新的发展领域，进而扩大自己的市场效益，即因利益而转型。

然而，不论转型的原因和目的是什么，对于中小微企业来讲，在转型的过程中都不得不应对来自于以下几个方面的风险：

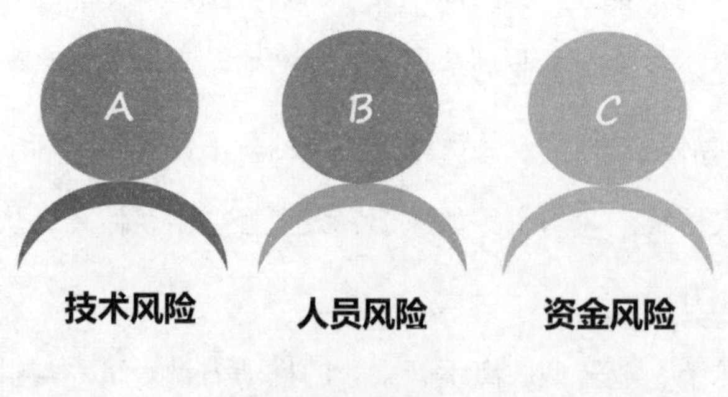

中小微企业风险

1.技术风险

当前，实现向人工智能转型的企业大多是软件和硬件服务商，但是它们往往在信息化、自动化方面相对薄弱。而企业在向人工智能转型的时候，大多数是基于被动而转型，很少能够针对自身特点和需求进行自上而下的全局规划。那么，这些企业在还没有学会如何走好路的情况下就要学如何奔跑，自然风险如影随形。

2.人员风险

中小微企业通常创立于二三线城市以及一线城市的郊区，在受制于地域的影响下，使得中小微企业的技术人员也以低技术人员居多。这成为中小微企业转型的最大瓶颈，这对于中小微企业的转型是相当不利的。因为一旦企业与人工智能接轨，向人工智能技术升级的企业就需要有大批的管理和技术人才去运营整个企业，而不是仅凭借人工智能软件就能打天下的。

3.资金风险

中小微企业本身资金基础薄弱，所以在进行转型的过程中，仅凭一己之力投入资金转型实在是难以为继。况且中小微企业能够获得融资的难度也大于大型企业。

面对以上三方面的风险，是不是就意味着中小微企业转型没有任何机会？答案是否定的。

如果中小微企业在转型前景受限、投入资金匮乏的情况下，强行转型势必形成恶性循环。只有培育并放大自身的核心竞争力，不一味抱残守缺地盲目转型，才能找到机会。

有些中小微企业在向人工智能转型的时候，过于注重硬件智能设备的采购以及软件环境的配置。到了后期，虽然基础设施准备就绪，但并未达到预期的产能，效益和质量也并没有得到提升，反而因为前期在软件和硬件方面的大量投资而错过了部分产品市场拓展的窗口期。导致这样得不偿失的后果，究其原因，在于企业的管理流程混乱，即在生产工艺未定、高端人才匮乏、忽视自身特点的情况下，就直接套用成功转型企业的模式，最终造成“水土不服”，反而加快了在人工智能时代被淘汰的速度。

因此，中小微企业转战人工智能领域时，受到技术、人员、资金等多方面风险的威胁，唯有审时度势化解这些风险，并能全局把控，才能一步一个脚印成功走向人工智能转型。

初创企业寻求突破口发力人工智能

近年来，人工智能领域备受关注，正当全球巨头在人工智能领域大肆血拼的时候，我们也能看到众多初创企业加入这场角逐的身影。全球巨头拥有强大的技术实力、资金实力、人员实力，自然在这场血拼中有足够的资本，而对于初创企业来讲，一切无异于“空白”，那么初创企业如何才能找到突破口发力人工智能呢?

首席人工智能官是标配

那些致力于在人工智能领域大展宏图的初创企业，首先要有人才支撑，而首席人工智能官也成为企业在未来人工智能时代的标配。

■首席人工智能官（CAO）

首席人工智能官其实是在首席数据官和首席技术官基础上的升级和重构。首席人工智能官所处理的工作远超过收集数据、处理数据、技术创新、技术应用工作，而是需要花费大量精力去思考如何借助大数据挖掘用户需求，并用人工智能技术的产品和应用场景的创新，以满足用户需求，增强企业人工智能产品和服务质量的同时，提升用户的产品、服务体验。

具体来讲，首席人工智能官需要承担几个方面的职责：理解、制定企业的战略；引入成熟的机器学习算法；收集训练数据；建立行业专家系统；完全熟悉并会使用成熟的人工智能产品；创新符合用户体验的产品和服务。

★人工智能问题思考★

CAO是否会取代首席技术官（CTO）、首席数据官（CDO）？

既然CAO所承担的职责包括技术和数据两个方面，那么未来CAO是否会取代CTO、CDO?

的确，CAO在企业中是一个“通才”，他在企业运行的过程中，向其余部门的高级管理者解释人工智能，并给其他部门提供建设性意见，但并不会取代CTO、CDO。因为乍看CTO、CDO的角色会受人工智能的影响而变化，但他们的作用分别是把关互联网信息化技术的战略规划、处理和分析数据。毕竟CAO只有在CTO的帮助下才能推进企业地人工智能技术快速发展；在CDO的帮助下才能借助最好的数据分析实践实现人工智能应用的快速着陆。

所以，未来企业中，CAO、CTO、CDO之间协同发展，共同为企业的发展实现献计献策。

以上几个方面的职责，是人工智能时代对首席人工智能官提出的最基本工作要求，除此以外，首席人工智能官还需要能够分清轻重缓急，如是先优化财务信息还是先优化产能，是先对整个企业进行固本强体还是首先需要去拓展销售？

不但如此，在人工智能时代，作为企业的首席人工智能官，还应当具备以下两个方面的素养：

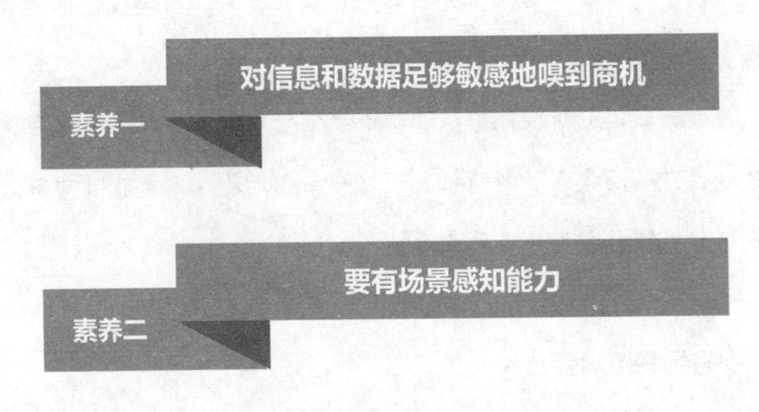

首席人工智能官的能力要求

1.对信息和数据足够敏感地嗅到商机

在过去，不少企业因为自身数据存储能力不足，就跟风收集大量数据，却不知道如何利用这些数据，将数据价值转换为推动企业发展的动力。在人工智能时代，初创企业的首席人工智能官需要能够从业务和数据本身敏感地洞察到真实的信息，并获得更有价值的数据，发现更加巨大的商机。

这里以啤酒和尿不湿的数据挖掘案例为例。在美国的零售业中，沃尔玛当属百货业的龙头老大，然而沃尔玛百货居然将啤酒和尿不湿并排摆放销售，结果却使得啤酒和尿不湿的销量惊人的增长。看似啤酒和尿不湿之间并没有什么关系，但为何将两者摆放在一起就能获得惊人的销售效果呢？

答案就在于沃尔玛能够很好地利用大数据，发掘出啤酒和尿不湿之间存在的潜在关系。沃尔玛的数据分析师通过对顾客购物小票进行数据统计后发现了其中的端倪：通常，年轻的爸爸在购买婴儿用品时，往往会有一种犒劳自己的心里，于是就购买了啤酒。

正是因为数据分析师能够从购物小票中的数据信息挖掘出啤酒和尿不湿的关联性，从而找到了新商机。而这一点也正是人工智能时初创企业的首席人工智能官所需要具备的素养。

2.要有场景感知能力

在未来人工智能时代，场景应用是人工智能得以更好生存的关键，因此企业一定要大胆放权，让首席人工智能官去发挥和施展自己的才华和展现自己的价值，从而推动企业运行智能化的进程。

比如做产品销售，不是将产品放在货架上坐等顾客光顾，而是为产品打造专门的使用体验场景。以家具销售为例，并不是将家具归类摆放，而是打造一个温馨的家庭生活场景，让人们能够感受到不同家具所呈现的不同风格，有助于消费者根据自己喜欢的风格做出购买决定。未来，首席人工智能官也需要有场景感知能力，帮助企业发掘能够提升效益的优质场景。

管理者与人工智能优势互补

在未来，人工智能已经在不知不觉中重塑了整个企业，使得业务处理、办公方式、协作方式等都呈现出智能化的特点。

在整个企业运行方式被重新定义的同时，一大批不同种类的新任务，使得整个企业的全体人员以新的激情投入到前所未有的工作领域，届时企业内部的管理者也将被重新定义。

那么企业管理者在人工智能时代如何才能成为一个成功的管理者呢？

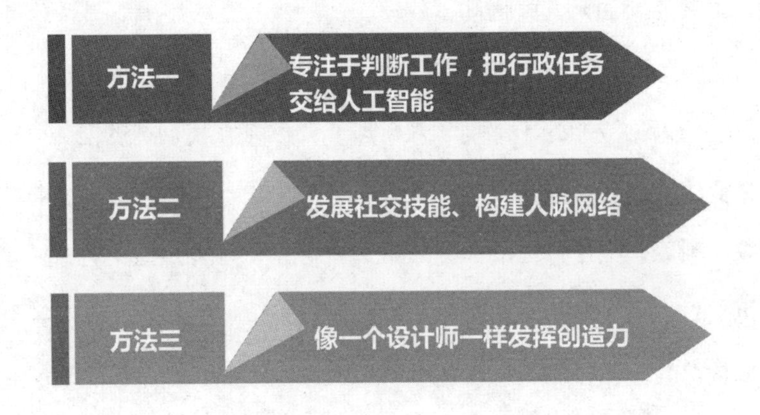

管理者在人工智能时代的能力要求

1.专注于判断工作，把行政任务交给人工智能

以往，企业管理者将一半的时间用于行政协调问题上。在人工智能时代，人工智能的应用其中一个领域就是替代人类做简单、重复的工作，所以管理者可以将人工智能用在处理行政任务方面，自动处理其中很多的行政任务，如人工智能可以帮助管理者起草日常行政管理报告等。

人工智能可以辅助人类做出决策，换句话说在做决策的过程中，人工智能负责运用算力给出相应的问题解决方案，而管理者的作用，是能够对企业的发展和文化有充分的了解，还要融入同理心和伦理反思，利用自己的技能和经验辅助人工智能给出的解决方案作出至关重要的商业决策。

2.发展社交技能、构建人脉网络

人工智能是相对于人的智能而言的，人工智能没有社会性，而人的智能却存在社会性。因此企业管理者要更加重社交技能培养的重要性，这种能力对于构建人脉网络、进行人员培训和加强员工协作至关重要。这样，企业管理者将重点放在发展社交技能和构建人脉网络上，将许多行政任务交给人工智能处理，大大提高了效率。

3.像一个设计师一样发挥创造力

目前的人工智能处于深度学习阶段，并没有自我创造的能力。因此，作为企业的管理者，最重要的任务就是像一个设计师一样具有发挥自我创造力以及利用别人创造力的能力。管理者可以将各种想法集合成一套完整的、可行的且具有吸引力的解决方案。可以说，在未来，人工智能逐渐接管日常行政工作，而管理者的创造思维和实践能力则是在企业管理中的关键。

总而言之，在人工智能时代，企业管理者所担任的角色实际上是对人工智能劣势的一种弥补，从而在优势上形成互补。

初创公司走细分领域取胜

一个好的企业，在迈向一个新的领域时，可以预见未来什么样的决定能够为企业的发展带来好处，什么样的决定会导致企业走向灭亡。一个企业要制定出一个正确率能够达到80%—90%的发展战略并不难，然而在建立模型后，随着资金、精力、数据的不断投入，企业能够获得回报的速度却逐渐减慢。“走细分领域”作为初创企业的发展战略，是其成功拥抱人工智能的取胜之道。

当前，全球人工智能市场被划分为13大类，包括：

机器学习·通用、机器学习·应用、计算机视觉·通用、计算机视觉·应用、智能机器人、虚拟个人助理、自然语言处理·语音识别、自然语言处理·通用、实时语音翻译、情境感知计算、手势控制、推荐引擎及协同过滤、视频内容自动识别（如下图）。

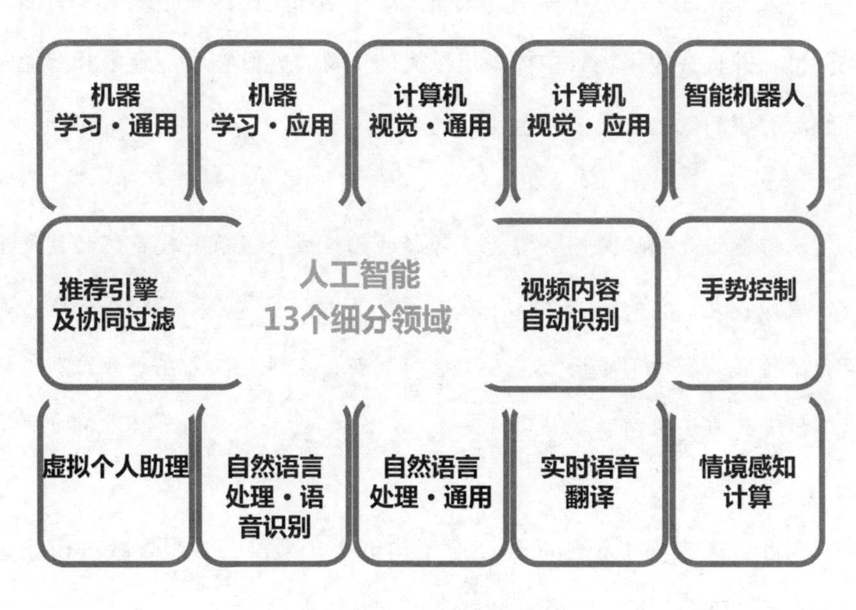

全球人工智能市场细分

2017年7月9日，在中国杭州举办的“未来已来”全球人工智能高峰论坛上发布了《2017中国人工智能白皮书》（以下简称《白皮书》），并在大会上评选出了最优秀的50家在人工智能领域获取技术和商业化突破的初创企业，为众多在人工智能领域创业的创业者指明了方向，帮助他们走出创业迷局。

《白皮书》表明：在行业分布上，智能机器人、计算机视觉、自然语言处理是创业企业分布最为密集的领域。在融资状况上，出于种子轮和天使轮的创业企业接近20%。80%的初创企业成立不足五年，10—100人的企业占了65%，33%的企业实现了盈利。

显然，垂直细分行业应用成为众多初创企业的创业高地。从当前初创企业在人工智能领域的布局情况来看，服务层面上已经有很多人工智能产品问世，并且在应用场景中体现出巨大的优势，尤其在智能金融和智能医疗领域有望涌现出一批优秀企业。

以智能语音领域为例。智能语音领域已经成为当前突破百亿的巨大市场，成为各大巨头的血拼之地。在国际市场上，谷歌毫无疑问在全球占有巨大的份额。在中国市场上，人工智能创新企业科大讯飞在语音识别领域占有较大的市场份额。

因此，未来人工智能时代，对于初创企业来讲，一定要找准市场定位，在垂直细分领域中突破，才能杀出一条路来。

第八章

预见未来：

关于人工智能的未来设想

如今，许多个人、专家、企业对人工智能的狂热已经达到了“疯狂”的程度，设计师利用精湛的技能经过精心研发、多次试验，最终将他们脑海中那些产品一个个呈现在人们面前，每一个人工智能产品都是精心雕琢的作品，同时，这些人工智能产品流露出的像人类一样的情感，也让人们惊叹不已。我们会不由自主地设想未来人工智能将何去何从。

未来已来，揭秘未来人工智能四大趋势

随着科技的飞速进步，人工智能产品和服务越来越多地进入我们的生活，如今，人工智能技术可谓是最受重视的技术。

人工智能当前的发展正处于加速上升期，全球都憧憬着人工智能美好的未来。专注于信息技术研究和分析的Gartner公司的报告则认为未来10年，人工智能将变得无处不在。然而未来人工智能的发展究竟如何呢？

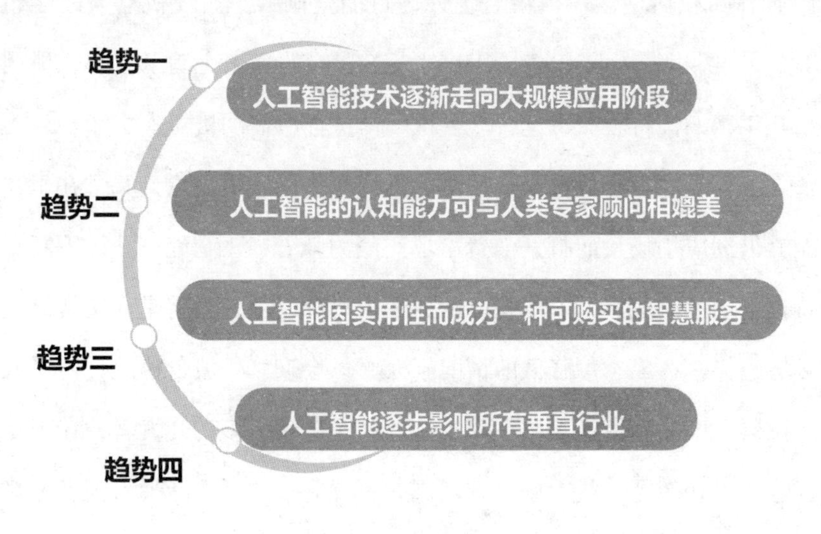

未来人工智能发展趋势

趋势一：人工智能技术逐渐走向大规模应用阶段

当前，华为作为我国通讯行业的巨头，已经自主研发出了人工智能芯片，并已经在其智能手机中加以应用；苹果公司在2017年下半年推出的iPhone X中也融入了人工智能技术；推出的人工智能平台Bixby能够实现对手机的语音操控……这一切都表明人工智能从最初的试验阶段走向大规模应用阶段。

以机器人市场为例。根据第三方提供的数据显示，从2015年开始到2018年期间，全球范围内的机器人年均增长幅度达到了15%。预计2018年年底，保有量将达到230万台。

显然，人工智能机器人背后隐藏着巨大的商业机会，与此同时也吸引了创业者的狂热追逐。据粗略统计，目前全国人工智能机器人团队超过100家。图灵机器人CEO俞志晨也对人工智能的未来充满了信心，他相信未来几年，人们将会像挑选智能手机一样选择所需的机器人。

人工智能能否获得像人们预测的那样美好的发展前景，关键在于其是否能够借助应用场景而打开消费市场。因为随着人工智能产业的不断壮大以及技术的不断成熟，人工智能的成本会逐渐降低，这将是人工智能发展的必然趋势。在成本价降低的情况下，必然会迎来一波价格战，使得人工智能机器人产品的售价大幅下降，这样就会吸引更多的开发者，在现有人工智能技术和产品、使用场景方面进一步提升，这样才能最大限度地打开市场。

人工智能不但在生活应用中受到大众的青睐，在商业巨头们也对人工智能表现出极大的兴趣。如前文中讲到的国内巨头BAT，以及国外的科技巨头微软、谷歌、IBM等都在深挖人工智能领域的潜力，为自身的发展创造更大的经济价值，也为民众创造更多的社会价值。

不难看出，人工智能凭借其机器学习、自然语言处理、语音识别、图像识别方面的能力正在各个行业中被广泛使用。未来，要想知道人工智能的发展前景如何，从其大规模走向商业应用就能略见一斑了。

趋势二：人工智能的认知能力可与人类专家顾问相媲美

在大众媒体眼中，人工智能是跟人一样聪明的或者比人更聪明的计算机。然而，人工智能能够表现出“像人一样的聪明”，则是在认知技术的基础上实现的。认知能力可以说是人工智能领域的产物，在认知技术的作用下，使得人工智能有能力完成以往只能由人类才能完成的任务。

当前，认知技术（包括计算机视觉、机器学习、自然语言处理、语音识别技术等）正在被广泛应用于诸多领域。认知技术主要得益于机器深度学习能力的提升和大数据的积累而得到不断完善和提升。

在早期，人工智能技术能够快速发展的关键在于性能更强的神经元网络、价格低廉的芯片以及规模庞大的大数据三者相融合的结果。神经元网络是模拟人类大脑，保证机器能够不断深度学习的基础。在某一特定领域的深度学习达到一定程度之后，人工智能在该特定领域的认知水平就能逼近人类专家顾问的水准，并且随着大数据积累到一定程度，认知水平将会得到进一步提升，很有可能会超越人类专家顾问，进而取代人类专家顾问。

事实上，当前已经有人工智能取代人类专家顾问的情况出现了。

在美国，不仅仅有智能投顾鼻祖Betterment、全球顶级智能金融公司Wealth front这样的科技公司从事智能投顾领域，就连传统的金融机构也嗅到了人工智能下的巨大商机。像国际领先的投资银行和证券公司高盛集团和为全球投资者提供卓越的投资、顾问及风险管理服务的贝莱德集团，分别收购了专门致力于帮助自由职业者和中小个体户开设退休账户的Honest Dollar公司和智能理财公司Future Advisor。另外，苏格兰皇家银行目前已经用智能投资顾问取代了500名传统理财师的职位。

凯文·凯利曾对人工智能的学习能力给出了这样的总结：使用人工智能的人越多，它就越聪明；人工智能越聪明，使用它的人就会越多。实际上，就像人类专家顾问的水平在很大程度上取决于他们所服务客户积累的经验一样，人工智能的经验就是在为众多客户服务的过程中所产生的数据的不断积累。随着人工智能专家顾问的应用越来越频繁，在接下来的3—5年内人工智能将有望与人类专家顾问的水准相媲美。

趋势三：人工智能因实用性而成为一种可购买的智慧服务

在提及“人工智能”时，很多对人工智能并不了解的人往往会提出这样的疑问：“人工智能究竟能做什么？”“人工智能能够应用在哪些领域？”“人工智能可以在应用的过程中产生什么样的价值？”

事实上，只要从当前人工智能在各领域应用的产品和服务中就能找到答案。

例如：百度将人工智能的应用几乎遍布其旗下的所有产品和服务当中；阿里巴巴热情高涨地借助人工智能技术推进“普惠”计划……

无论百度还是阿里巴巴，在应用人工智能的时候，实际上都是为了借助人工智能的实用性创造出更大的商业价值。当前，“人工智能+产业”的模式正使得人工智能的实用性更加凸显，同时也使得人工智能成为了一种可以花钱购买的商品。基于这一点，人工智能和机器学习领域的权威学者吴恩达给出了这样一句非常形象的比喻：人工智能就像是电能一样，“电”在今天已经成为了一种可以按需购买的商品，你可以用电看电视、做饭、洗衣服，未来你可以购买人工智能来打造一个智能的家居系统，这是一样的道理。

当然，不同的产业领域应用人工智能技术所产生的实用性也有所不同。

例如，美国电动车及能源公司特斯拉，用人工智能技术提升自动驾驶技术；而谷歌地图导航软件则利用人工智能技术为用户规划最便捷的出行路线；亚马逊则借助人工智能技术为消费者提供更加便捷、智能化的购物体验……这三个不同领域的企业，它们在将人工智能技术融于本企业的过程中，更加关注的是人工智能技术能够为自身和用户带来什么样的好处。

总而言之，人工智能的最大特点就是具有强实用性。也正是因此，使得越来越多的医疗机构借助人工智能技术为病人诊断疾病；越来越多的汽车制造商借助人工智能技术研发无人驾驶汽车；越来越多的智能机器人用于人们的日常生活中，为人类提供更多的医护服务，照顾人们的饮食起居等……人工智能在各领域的应用，显然已经跳出了原来虚无缥缈的概念阶段，真正迈向了实用性阶段，并为人类提供更多可购买的智慧服务，推动人类走向更加便捷、高效的智能化生活。

趋势四：人工智能逐步影响所有垂直行业

目前，虽然全球正沿着“人工智能+”的方向前进，但在迈向通往“人工智能+”的路上还处于爬坡阶段。因此，从当下的发展状况来看，对于担心人工智能取代甚至毁灭人类的担忧虽然还为时过早，但毋庸置疑人工智能在各领域抢占劳动者的饭碗已经成了一个不争的事实。

人工智能可能因终有一天引发大规模失业而给全球经济生态系统带来巨大的变革。如今，制造业、金融业、医疗业、教育业、新闻业、交通运输业已经受到了人工智能的影响，未来将会有更多的垂直行业受到人工智能技术的冲击。

例如：

保险行业：融入人工智能技术的保险行业可以改进传统的索赔流程。

法律行业：自然语言处理技术可以使得数千页的法律文书在几分钟内就能被归纳、总结，从而减少了律师的工作时间，有效提高律师的业务效率。

公关媒体行业：借助人工智能可以有效提高数据处理的速度，快速预测广大民众可能感兴趣的媒体内容。

公共管理行业：用人脸识别技术辅助公安部门开展治安管理工作。

物流行业：人工智能技术应用于物流行业，使得无人仓库管理和机器人自动分拣货物、无人配送逐渐取代一部分物流配送人员。

人工智能所影响的垂直细分领域还不仅限于此，未来人工智能所涉足的领域将更加广泛，人工智能离垂直细分领域将渐行渐近。

假如“奇点”来临，我们将何去何从

2015年4月，英国科学家发明了能够做饭的机器手臂，其厨艺已经达到了世界一流水平。

2017年1月5日，人工智能产物Master，在网络上以快旗60连胜的成绩战胜了柯洁、朴延桓、井山裕太在内的中日韩顶级高手。

2018年5月1日，科大讯飞信息科技有限公司推出的人工智能“才子”阿尔法蛋，与中国诗词大会冠军雷海为上演“人机大战”。

像以上的人工智能产品，全球每年都会推出很多。然而人工智能如果依旧以迅雷不及掩耳之势发展，就不免会有人提出这样的疑问：“人工智能的‘奇点’是否会来临？”

关于“奇点”的概念，最早是在美国作家卢克·多梅尔的《人工智能》一书中提出，“奇点”是指机器在智能方面超过人类的那个点。换句话说，就是未来可能有机器比人类更聪明，甚至出现机器比人类聪明到无法控制的时候，就是所谓的“奇点”。

那么奇点究竟会不会来临？将在何时来临？按照预言家雷蒙德·库茨韦尔的预言：到2045年，人工智能就将追上人的智能，即追上人类大脑，达到“奇点”，然后超越而去。从那时候开始，人类文明将开始发生不可逆转的改变，一个新的文明即将开始。为此，有人因为“奇点”的来临而憧憬和期盼，也有人为此而担忧，其中一个核心的问题是：届时人类将何去何从？

一旦“奇点”来临，一方面，人工智能将抢夺人类的工作，数以百万计的人失业，如司机、翻译、保安、快递员等，由此产生贫富两极化；另一方面，人工智能机器人可以照顾老人、小孩，可以提醒主人吃药，帮助科学家解开暗物质之谜，帮助人类抵达小行星带……

那么在“奇点”来临之际，人类将会如何呢？我们在这里可以畅想一下：

1.超现实的浪漫

可以想象一下，在人工智能的世界里，当你对着人工智能腕表说“约会”两个字的时候，腕表会为你推荐更加浪漫的约会地点和餐饮，也许还会推荐给你约会的对象喜欢的花，以供参考选择。

2.长寿与繁荣

想象一下在人工智能时代，从你一出生开始，人工智能系统就会根据你的基因为你选择了一条最优的成长路径。你阅读什么读物、衣食住行等也都完全按照不同的年龄段给你安排好，并且会为你匹配最佳的情侣，包括性格、身高、体重等。

另外，为了保证你的健康，人工智能机器人会用传感器检测你的呼吸、心跳等，帮你预测疾病发生的迹象。纳米机器人会在你的血液里四处

“巡逻”，在你疾病显现之前就提前为你进行治疗。不少得了绝症的人，也会选择被冷冻，以等待未来医学进步之后再度复活。因此，未来，人类的寿命很可能会延长。

3.人口失衡

人工智能技术或许会吸引足够多的人来到技术先进的区域，这样就容易使得人口出现失衡的现象。

以上均是假设，当人工智能的“奇点”来临时，究竟是什么样的世界，这有待事实的检验。